北京水务志丛书

房 山 区 水 务 志

（1991—2010）

房山区水务志编纂委员会

方志出版社
Publishing House of Local Records

图书在版编目（CIP）数据

房山区水务志：1991—2010 / 房山区水务志编纂委
员会编. -- 北京：方志出版社，2021.7
ISBN 978-7-5144-4791-0

Ⅰ．①房… Ⅱ．①房… Ⅲ．①水利史—概况—房山区
—1991-2010 Ⅳ.①TV-092

中国版本图书馆CIP数据核字(2021)第196590号

房山区水务志（1991—2010）

编　　　者：房山区水务志编纂委员会

责任编辑：张　颢

出 版 者：方志出版社

　　　　　地址　北京市朝阳区潘家园东里9号（国家方志馆4层）

　　　　　邮编　100021

　　　　　网址　http://www.zgfzcb.cn

发　　　行：方志出版社图书经销中心

　　　　　电话（010）67110500

经　　　销：各地新华书店

印　　　刷：北京金诚数码印务有限公司

开　　本：889×1194　　　　　1/16

印　　张：14.5

字　　数：292千字

版　　次：2021年7月第1版　2021年7月第1次印刷

印　　数：0001～3000册

ISBN　978-7-5144-4791-0　　　定价：180.00元

《房山区水务志（1991—2010）》编纂委员会

顾　　问　　刘同光　　李俊　　梁森

主　　任　　杨建忠（2007 年 6 月至 2010 年 7 月）

陈硕林（2010 年 7 月至 2017 年 2 月）

耿纪民（2017 年 2 月至 2020 年 4 月）

张海生（2020 年 4 月—　　　　　）

副 主 任　　李骏雄（2007 年 6 月至 2020 年 8 月）

李丽英（2007 年 6 月—　　　　　）

殷宗国（2007 年 6 月至 2010 年 7 月）

霍　忠（2007 年 6 月至 2012 年 12 月）

高福金（2007 年 6 月—　　　　　）

张敬宇（2007 年 12 月至 2014 年 7 月）

郭宝东（2012 年 7 月—　　　　　）

杨　晓（2012 年 2 月至 2020 年 9 月）

王　勇（2012 年 6 月至 2017 年 1 月）

王庆军（2013 年 1 月—　　　　　）

张凤保（2013 年 11 月—　　　　　）

于占成（2017 年 11 月—　　　　　）

孙佳磊（2018 年 1 月—　　　　　）

委　　员　　于晓影　　王 平　　王 蕾　　王子璇　　王亚林

王志忠　　王宏强　　邓展渤（2015 年 9 月调出）

石志浩　　孙 震　　闫启勇　　刘万海　　刘振芳

安士刚　　吴 楠　　吴广明　　李艳红　　张 立

张 源（2016 年 9 月调出）　　杨志军　　郑伯乐

郑坤玮　　岳政新　　赵 跃　　赵磊光　　郭忠才

钱新举　　钱新磊　　徐宜亮　　崔华银　　靳 昕

《房山区水务志（1991—2010）》编辑人员

主　　编　　安士刚（2007 年 6 月至 2014 年 12 月）

　　　　　　郭忠才（2015 年 1 月至 2018 年 12 月）

　　　　　　岳政新（2019 年 1 月—　　　　　　　　　）

副　主　编　　崔华银（2007 年 6 月至 2014 年 12 月）

　　　　　　刘金燕（2007 年 6 月至 2014 年 12 月）

　　　　　　赵磊光（2015 年 1 月—　　　　　　　　　）

　　　　　　赵伟谊（2015 年 1 月—　　　　　　　　　）

　　　　　　王晓莉（2015 年 1 月—　　　　　　　　　）

　　　　　　于尧尧（2020 年 6 月—　　　　　　　　　）

编 撰 人 员　　马　颖　　王　玉　　王　庆　　王春林　　吕冠英

　　　　　　许俊熊　　邢国恩　　安秀华　　李云华　　肖建芳

　　　　　　张　宁　　郑淑红　　郭　旭　　唐芳芳　　傅　恒

　　　　　　雷祥林

《北京水务志丛书》凡例

一、本丛书以马克思列宁主义、毛泽东思想、邓小平理论、"三个代表"重要思想、科学发展观、习近平新时代中国特色社会主义思想为指导，坚持辩证唯物主义和历史唯物主义的立场、观点和方法，全面、客观记述北京水务事业发展变化，更好地为首都的改革开放和社会主义现代化建设服务。

二、本丛书按照北京市第二轮地方志书编纂的原则与要求，坚持质量第一的原则，观点正确、资料翔实、体例严谨、内容全面、特色鲜明、记述准确、文风端正、印制规范。

三、本丛书按专业志编纂，采用纪事本末体编写，体裁包括述、记、志、传、图、表、录、补、考、索引等，以志为主体。结构以篇、章、节、目为主要层次。

四、本丛书由本市行政区水行政主管部门和市级水专业管理单位分别编纂，市水务志编纂委员会办公室综合指导。记述范围是各行政区的水务活动和事务及市级水专业管理单位管辖的流域、水库、河湖等的活动和事务。

五、本丛书中的区（县）水务志和密云水库志是第二轮修志，上限均与第一轮志衔接；其余各志是初次修志，上限均追溯到事物（事业）发端或有文字记载的历史之始。各志下限均到 2010 年底。

六、本丛书纪年，古代到 1949 年 9 月采用中国历史纪年与公元纪年对照方式书写。中华人民共和国成立起用公元纪年。

七、本丛书资料来源于大量的历史文献、历史档案及有关资料，做到有据可查，反复核实，力求内容的真实性、科学性、完整性；计量单位一般按 1984 年 2 月 27 日《中华人民共和国法定计量单位》执行。

八、本丛书内全市性的统计数字以市统计部门公布的为准。市统计部门缺遗的数字，以各单位的为准。与市统计部门数字有冲突或修正的，注明不同及采用的原因。

九、本丛书由区（县）水务志、水库志、流域志、城市河湖志、水文志、水利工程质量监督志等志书组成。

编纂说明

一、本志是在 1995 年版《房山区水利志》（简称"前志"）的基础上续写的一本专业志书，在核实、校对的基础上，去伪存真，精练记事，客观记述房山区水务事业发展变化和建设情况。

二、本志记载时限为 1991 年 1 月 1 日至 2010 年 12 月 31 日。

三、本志在记述水资源、水文、供水、排水、污水处理、水利工程建设、农田水利与水土保持等相关内容时，若前志未有记述的，本志书将记述时间追溯到 1991 年 1 月 1 日前，至事物发端。

四、本志按篇、章、节编排，根据水务行业分工，设有水资源与水文、水旱灾害与防汛抗旱、水利工程建设、城乡供水、城乡排水及污水处理、农田水利与水土保持、节约用水、水务科技及信息化、水务管理共 9 篇 23 章 73 节。

五、本志前设有彩页，随文有插图和照片。志书记述事件中所涉及的机构名称均为当时的全称或标准简称。志文中采用的数据，为统计部门公布的数据，统计部门没有公布的，采用业务部门的数据。

六、本志资料来源主要是区水务局各科室的档案、公开发布的公报、年鉴和统计资料。部分资料来源于主管部门、相关企事业单位的大事记、工作总结、纪实性报道、通讯简讯和统计报表，以及亲身参加水务建设的老同志提供的宝贵资料，同时参考了《北京志·水务志（1991—2010）》《北京市房山区志（1996—2010）》《房山农业志》及《房山市政》等有关文献。由于资料来源广泛，不一一注明出处。

房山城关地区排水管网图（2010年）

图例说明

说明：道路所标尺寸为路宽m
管道所标尺寸为管径mm
方沟为沟净宽mm.

- 河流
- 一级路
- 二级路
- 三级路
- 土路和其它路
- 井盖
- 桥梁
- 环岛
- 排水泵站

2002年12月，张坊水务站成立

2004年12月，房山区水务局成立

2004年，建成房山区防汛抗旱及水资源指挥调度系统

房山区防汛值班（2006年摄）

2008年5月，房山区2008年防汛抗旱总指挥部防汛工作会

河道治理

1996年12月，大石河治理
工程人工整理坡面施工现场

生态治理完成的十渡镇
马鞍沟（2006年摄）

生态治理完成的刺猬河良
乡大学城段（2010年摄）

1998年4月，崇青水库主坝防渗施工现场

2003年4月，龙门口水库除险加固现场

崇青水库鸟瞰（2004年摄）

拒马河十渡橡胶坝（1993年摄）

拒马河北石门铅丝石
笼坝（2003年摄）

河北镇连拱闸（2003年摄）

1997年7月，房山区"引磁入房"供水工程竣工典礼

2000年5月，房山区"引万入良"管线施工现场

祁家坡水厂（2010年摄）

长阳镇牛家场村小型污水处理站（2006年摄）

2008年11月，建成的城关污水处理厂

石楼镇吉羊村农田喷灌（1998年摄）

2001年7月，房山世行贷款节水灌溉项目会

2003年8月，周口店镇节水增效示范工程

蒲洼水土流失监测小区（1999年摄）

治理完成的半壁店小流域（2001年摄）

十渡万景沟小流域清水出沟（2002年摄）

水利富民修建长沟镇三
座庵塘坝（1998年摄）

2006年11月，农村管
水员考试现场

琉璃河镇洄城村雨洪利
用坑塘（2007年摄）

1995年防汛抗旱先进集体

1999年水利富民先进单位

2000至2001年首都文明单位

2005年山区水土保持单项奖

2007年雨洪利用先进奖

2010年南水北调拆迁先进集体

目　录

第一篇　水资源与水文

第二篇　水旱灾害与防汛抗旱

第三篇　水利工程建设

第四篇　城乡供水

第五篇　城乡排水及污水处理

第六篇　农田水利与水土保持

第七篇　节约用水

第八篇 水务科技及信息化

第九篇 水务管理

概　述

　　房山区位于北京市西南部，地处华北平原与太行山脉交接地带，北邻门头沟区，东部和东北部与大兴区、丰台区相接，南部和西南部与河北省涿州市和涞水县接壤。全区面积 2019 平方千米，其中平原面积 691.8 平方千米，山区面积 1327.2 平方千米。2010年，全区辖 5 个街道办事处，14 个镇，6 个乡，462 个行政村，常住人口 94.5 万人，地区生产总值 34.22 亿元。

　　房山区属暖温带半湿润半干旱大陆季风气候，降水分布较不均匀，1980—2010 年平均年降水量 511.3 毫米，年可利用水资源量约 2.9 亿立方米。降水集中在每年 6 月至9 月，降水量占全年降水的 85％。山前区多年来是暴雨中心区，加上地势高差大，山高坡陡，极易形成暴雨和山洪。历史上旱涝灾害频发，旱涝交替、连旱连涝时有发生。

　　1991—2010 年，房山区经济社会快速发展，随着城镇化建设，人口、资源、环境发生了急剧的变化，因持续干旱造成水资源日益紧缺，供水矛盾加剧，污水排放管理压力增大，水环境治理任务艰巨。房山水务工作在市、区政府的领导下，适应新形势的要求，实现了由工程水利向资源水利、环境水利、民生水利转变，从传统水利向现代化水务、可持续发展水务转变。随着城乡水务全面推进，在供水、节水、蓄水、排水、治污及水生态保护方面取得新突破，供水能力和用水效率不断提高，水环境、水生态日趋改善，为支援首都建设、推动房山"三化两区"新房山的发展思路，促进经济发展，改善城乡生活水平做出了贡献。

一

　　水资源短缺成为制约房山区社会和经济发展的重要因素。房山区水资源主要由地表水和地下水资源组成。全区年水资源可利用总量约 2.9 亿立方米，多年平均地表水资源可利用量为 0.63 亿立方米，地下水年可开采量约 2.27 亿立方米。随着房山区城乡建设步伐加快，人口和企业不断增多，用水需求量逐年上升。从 1999 年开始，房山区连续多年干旱少雨，至 2010 年仅有 3 年降水量达到多年平均年降水 511.3 毫米，2001 年降水量最少，仅388.3毫米。降水量减少造成全区主要河道出现断流，地表水严重紧缺，地下水成为主要水源支撑生产生活用水。2010年全区地下水年平均埋深12.44米，比1990年下降5.11米。在水资源供需矛盾日益加剧的形势下，结合房山区发展，从水资源配置、用水效率控制、科学节水措施、水资源可持续利用等方面入手，房山水利由"重建轻管"逐步转向"建管并重"，从管理入手，实行了"节水优先、三水联调（降水、地表水和地下水）"的水资源管理，加强全区用水节水管理和区域水资源保护，落实相应管理措施，使有限水资源发挥了最大效益，保障了用水安全。

优化城乡水资源配置。随着房山区城镇化进程推进，经济结构从农业向工业调整，生活、工业及环境用水快速上升。在此背景下，房山区实行"节水优先、三水联调"，大力发展农业节水。逐步减少农业用水，加快城镇供水设施建设（包括增建水厂、扩大集中供水范围等），实施地表水、地下水联合调度，利用雨洪水回补地下水、改善水生态等措施，优化区域水资源配置。进入21世纪后，鼓励使用再生水，推广设施农业和精准灌溉，兴建污水处理厂和雨水收集利用工程，有效地提高了节水效果。自2006年，房山区开始实施农村雨洪利用工程，截至2010年年底，房山区完成雨洪利用工程75处，总蓄水量约343万立方米。农业用水由20世纪90年代的约2.2亿立方米减少到2010年的1.4亿立方米左右。全面进行工业节水改造，工业用水在产值不断翻番的情况下不增反降，年用水量由约4000万立方米降至3000万立方米左右；为生活用水量由1991年的3471.9万立方米倍增至2010年的8214万立方米提供了条件。

调整农业用水，大力推进高效节水灌溉。20世纪90年代前期，房山区累计喷灌面积8500公顷，涉及平原区20个乡、镇、街道、地区办事处的109个村。1997年开始，房山区平原地区开展调整产业结构，发展现代农业，水利建设以高标准节水灌溉示范区为重点，大力推广喷灌、滴灌、微灌、小管出流等节水新技术，农田、林地、果园等全面推行节水灌溉。随着山区水利富民工程建设和发展设施农业，积极调整农业产业结构和种植结构，大幅度减少灌溉用水量，实现农业用水负增长，农业节水水平得到进一步提升。2000年以后，随着农村产业结构的调整，喷灌面积有所减少；截至2010年，全区喷灌面积达到16659公顷。喷灌化不仅发挥了节水、省地、省工效益，而且为全区推进小麦、玉米两茬平播、农业机械化作业、农业适度规模经营带来重大变化。

加强全区用水节水管理。随着房山区城镇化进程建设，人口数量逐年增加，水资源短缺日益严重，通过建设节水型社会、实行用水定额管理等措施，加强全区用水节水管理。区政府每年召开全区节水大会，区领导出席动员，宣传表彰节水模范。自1991年开始，房山区与北京市节水部门签订节水目标责任书，全区按照用水定额标准，制订区管户用水单位的用水计划。严格执行国家和北京市有关节水的法律、法规和规范性文件，实行取水许可、凿井许可、水资源论证等审批制度，严格限制和取缔不合理用水，推动依法节水管理工作全面开展。同时推进城镇生活与企业节水管理，各主要行业实行用水定额管理，加强行业用水定额与用水指标管理，执行计划用水，定期考核，超计划累进加价。大力推广使用节水型器具，开展水平衡测试和节水技术改造，有效提高了用水效率。2002—2010年，通过开展节水型社会建设，全区有526个单位实现用水计量收费管理。

<h1 style="text-align:center">二</h1>

1991年后，受持续干旱等因素影响，大石河等中小河道出现季节性断流，地下水水位持续下降，河道水生态系统十分脆弱。随着城市化进程的推进，水生态环境问题更加凸显，使城市发展受到严重影响。为了破解水环境恶化问题，1999年起，为保护河道环境，房山区停止在河道管理范围内开采砂石，并与多部门联动对盗采砂石行为开展专项整治。进入21世纪后，以控制水土流失为重点，以小流域为单元的水土流失治理思路转向以水源保护为重点的生态修复、生态治理、生态保护的"三道防线"建设，治理了20个重点小流域；以生态治理为理念，实施河道综合整治、小流域综合治理等，使水环境恶化得到一定的遏制，治理效果明显，水环境不断向好，形成了小清河流域、拒马河流域等独有的生态景观，成为人们休闲娱乐的活动场所，不仅带动了区域经济发展，而且切实改善了全区水生态环境质量。

全面推进河道生态环境治理。为破解全区水环境恶化问题，1991—2010年，按照房山新城建设提出的防洪和水环境标准，实施了河道综合整治、截污治污、水生态恢复等多项措施。通过山区生态清洁小流域建设，明显改善了山区水环境；平原地区贯彻"防汛改迎汛，积极拦蓄雨洪水"，为有效提高河道蓄水能力，回补地下水，改善水生态环境，在拒马河、大石河、刺猬河等河道修建了15座橡胶坝和10座铅丝笼坝，总蓄水量约386立方米。地表水水质明显改善，地下水水质稳定向好，河道调蓄能力显著提升，平原地下水下降趋势得以缓解，由20世纪90年代平原地下水埋深7米左右下降至11米后，进入21世纪后一直维持在11~12米，基本保持地下水位稳定。1998年，区政府东移良乡后，刺猬河作为穿越房山新城良乡组团内一条重要的河流，承载着防洪、排水、景观等重要的功能。2003年起，结合房山区发展和居民对水环境的需求，河道治理在保证防洪、排涝安全的前提下，将改善河道水质、保护水生态、营造水景观等生态治河理念纳入河道治理，以提升和改善周边区域的水生态环境。2004—2009年，分两期对刺猬河进行了生态综合治理，修建一个总长8千米、面积76.67公顷、蓄水面积48

万平方米、蓄水量 70 万立方米的滨水景观廊带。同时，也为房山新城滨水森林公园小清河风光带、小清河、哑叭河、房山公园、湿地公园、青春公园等"一带两河三园"的生态滨河景观建设打下了基础。

推进污水治理，提高再生水利用效率。1991 年以后，随着房山城区改造扩建及新城建设，城镇排水设施得到快速发展，雨污水管网系统从合流制逐步向分流制转变，通过完善市政排水配套设施，加快建设城乡污水处理厂（站）及污水收集管网工程，城区排水系统不断完善。2000 年以后，房山城区建成 2 座污水处理厂，乡镇建成 4 座污水处理厂，农村建成 92 座污水处理站，雨污排水管道 210 千米，比 1990 年增长 8 倍，控制排水面积 15 平方千米，使城区污水处理率达到 80%、农村达到 25%。污水处理厂可对污水深度处理达到再生水使用要求，为环境绿化、工业冷却用水提供了水源。在"治污为本、循环利用"的思路指导下，积极利用再生水，截至 2010 年年底，累计为工业和环境提供再生水 1.31 亿立方米。

三

随着全区城镇化建设加快推进，建设面积不断扩大，人口与企业不断增多，同时也给供水、排水、防洪工作带来新要求。为解决城乡水安全、防洪安全问题，通过完善管理体制，提高防洪标准，加快市政供排水基础设施建设力度，不断提高城乡水务保障能力。

提高城乡防洪排涝综合能力，不断完善防汛体系。1991—2010 年，房山区持续开展全区防汛设施建设，对永定河右堤、刺猬河和大石河等河道进行防洪治理，6 座中小型水库进行除险加固处理，提高了全区河道、水库防洪标准。逐步形成相互配套的防汛设施体系，为房山区城乡防洪排涝能力的提高创造了良好基础条件，房山区防洪安全有了进一步的保证。随着 2003 年永定河滞洪水库建成，永定河和小清河分洪区的防汛调度运用方案发生变化，房山区积极跟进，完成《北京市小清河分洪区建设规划报告》，并纳入海河流域蓄滞洪区建设与管理规划。小清河分洪区范围重新划定，使大片土地从小清河分洪区淹没区中解脱出来，为房山东部地区的发展建设和下游的防洪安全创造了条件。在提高河道水库防洪标准的同时，房山区通过防汛设施建设和防汛工作机制建设，不断完善防汛体系。通过落实各项防汛责任制，制定防汛应急预案和编制防汛调度预案，有针对性地做好各项物资储备，实行部门联动、属地管理、专业处置、社会动员相结合的防汛管理体系。不断完善雨水情自动遥测报汛系统和防汛网络通信系统，2003 年房山区防汛抗旱及水资源指挥调度分中心建成，实现了防汛信息采集、储存、调用等多功能应用，并与市、区防汛指挥调度中心实现异地会商。随着水务信息化的不断建设，全区防汛体系不断完善，防汛工作实现了现代化管理。

加强城乡供水保障。随着城镇化进程的加快，推进城镇集中供水设施建设，集中供水能力不断增强。1990年以后，房山区围绕卫星城建设，实施引水工程，解决群众饮水难题。区政府东移良乡后，随着良乡卫星城的开发建设，用水紧张状况日益突出。1991—2010年，房山区围绕卫星城建设，实施引磁家务水源地水源至良乡工程（"引磁入良"）、引上万水源地水源至良乡工程（"引万入良"）及引磁家务水源地水源至房山城关工程（"引磁入房"），供水面积31平方千米，"引磁入良""引磁入房""引万入良"的建设，解决了房山和良乡两城区的供水水源安全问题。为了缓解北京市用水紧张状况，2003年12月张坊应急水源工程开工，2004年12月30日全线贯通，正式向北京燕山石油化工有限公司、田村山水厂和云岗工业区等供水。截至2010年年底，张坊应急水源已经向北京燕山石油化工有限公司和城区供水5.55亿立方米，其中引拒马河地表水4.63亿立方米、开采地下水0.92亿立方米。

截至2010年年底，建成城区集中供水厂8座，乡镇集中供水厂11座；供水厂综合生产能力为20.35万立方米每日，供水管网长度为205.46千米；完成了23个乡镇370个村的供水设施改造，解决了农村农民饮水不达标的问题。

四

房山区水务管理伴随着水利局、水资源局、水务局的转变过程发展变化，从多部门管理，到实现水务一体化管理，继而形成区、乡镇、村等行政和协会相互补充的管理体系。由于历史原因，1991—2001年，房山区涉水事务按城乡归口，实行多部门管理，水务管理体制不顺，管理政出多门，不符合经济社会快速发展的需要。2002年，房山区水资源局成立后，承接原区市政管委承担的城镇节约用水和城市防汛工作的管理职能，原区地矿局承担的核准地下水取水、管理地下水人工排水和回灌的职能，原区环保局承担的城镇自来水地下水水源地的保护管理职能。初步实现全区水资源统一管理。2005年，房山区水务局成立后，承接原区市政管委承担的城镇供水、排水与污水处理、再生水利用管理职能，实现城乡水务一体化统一管理。2006年年底，以政府引导、农民参与的形式成立5个农民用水协会和462个村分会，农民用水协会负责管理村分会，组建了1100名农村管水员队伍。截至2010年年底，形成了以区水务局、基层水务管理站、镇级管水部门、村级管水组织上下联通的管理体制，为加强城乡水务一体化管理奠定了基础。

回顾房山水务20年发展历程，水务建设始终坚持从实际出发，围绕社会经济发展阶段需求，以及水环境出现的新情况，破解了发展中的层层难题，保障了房山区经济社会的稳定和发展。在这20年中，为解决不断显现的城乡和农村、资源和环境、供水和需水、排水和蓄水等矛盾，适时调整治水思路，实行建管并重，三水联调，节水为先、治污为本、循环利用等新思路、新理念，勇于实践适应不断发展的形势需求。截至2010年，随着"十一五"水务发展规划得到顺利实施，工程措施与管理措施取得新成效，大力发展农业节水灌溉、推广橡胶坝蓄水工程、生态治河、跨流域调水、用水分类分级管理，实现了科学化用水管理。

展望未来，房山水务围绕建设"三化两区"新房山的发展思路，扎实推进水资源统一管理、提高中小河道防洪标准、解决城区积滞水问题、充分利用再生水、持续改善区域水环境。坚信在各级党委和政府领导下，房山水务将开拓进取、奋力拼搏，实现区域社会经济与水环境的可持续发展，再创辉煌。

大事记

1991 年

3 月，永定河右堤金门闸段连锁板护堤工程开工。工程于是年 6 月完工。

11 月 5 日，刺猬河河道治理工程开工，疏挖河道 16.8 千米，工程投资 732.1 万元。工程于 1992 年 6 月完工。

是年，蒲洼小流域被北京市科委列为"八五"期间北京市西南山区小流域综合治理示范研究重大科技攻关项目。

1992 年

2 月，房山区水利局关于"水资源普查与水利区划课题研究"获得北京市水利局科技进步一等奖。

7 月，由于京周公路扩建，房山区水利局办公地点搬迁至房山区良乡镇昊天大街 81 号（原大宁灌区管理处）办公。

10 月 17 日，房山区第一座橡胶坝十渡橡胶坝在十渡风景区开工。工程于 1993 年 4 月完工。

1993 年

是年，实施窦店排水沟疏挖整治工程。

是年，房山区依据《北京市水资源管理条例》等有关规定，对自备井取水单位开始征收水资源费。

1994 年

2 月 24 日，房山区第二座橡胶坝六渡橡胶坝在十渡风景区开工。工程于是年 6 月 6 日完工。

7 月，房山区水土保持监督管理站成立。

8 月 12 日，全区平均降水 58.5 毫米，其中黄山店雨量站降水 155.2 毫米，小时最大降水 100 毫米，产生洪涝灾害。

1995 年

4 月 19 日，水峪水库除险加固工程开工，工程投资 33 万元。工程于是年 6 月 16 日竣工。

5 月，《房山水利志（1949—1990）》定稿。编纂历时 5 年，约 35 万字。

5 月，丁家洼水库非常溢洪道改造工程开工。工程于是年 7 月竣工。

6 月 23 日，永定河葫芦垡段险工护坡翻修工程开工。工程于是年 8 月 23 日竣工。

9 月，小清河分洪区安全建设工程通过海河水利委员会的验收。工程于 1987 年开工。

是年，房山区"五统一"喷灌技术获得市政府科技成果二等奖。

1996 年

6 月 14 日，崇青水库崇各庄副坝加固工程。工程于是年 7 月 31 日竣工。

8 月 4—5 日，房山区普降大到暴雨，拒马河张坊水文站实测最大洪峰流量 1720 立方米每秒，大石河漫水河水文站实测最大洪峰流量 178 立方米每秒。此次洪水造成直接经济损失达 8679 万元。

9 月 10 日，房山区水利局与水利部合作完成"房山水利管理数据库系统"，初步实现了水利信息化管理。

9 月，"引磁入房"供水工程开工。工程于 1997 年 7 月 9 日竣工。

9 月，祁家坡水厂第一次扩建工程开工。工程于 1997 年 7 月完工。

11 月 15 日，大石河综合治理一期工程开工。治理范围为兴礼桥段至芦村段，长 16 千米，包括两岸筑堤及建筑物，工程投资 4700 万元。工程于是年 12 月竣工。

1997 年

5 月 20 日，崇青水库崇各庄主坝左右肩帷幕固结灌浆加固工程开工。工程于是年 10 月 15 日竣工。

9 月，大石河二期治理工程开工。治理范围为京周公路至芦村段，长 11.9 千米，包括两岸筑堤及建筑物配套，总投资 6014.32 万元。工程于 1999 年 5 月竣工。

10 月，房山区水利富民一期工程开工。工程于 2000 年 10 月 21 日完工。

是年，建成全区雨情自动遥测系统，雨量遥测站以自报式为主，实现雨情数据自动采集。

1998 年

4 月，崇青水库崇各庄主坝左坝头防渗墙维护加固处理工程开工。工程于是年 11 月 15 日竣工。

7 月 5 日至 6 日凌晨，全区普降大到暴雨，平均降水 139.4 毫米，大石河漫水河水文站实测最大流量 147 立方米每秒，拒马河张坊水文站实测最大流量 334 立方米每秒。洪水造成直接经济损失 5170 万元。

8 月 18 日，房山区防汛抗旱指挥部办公室、区武装部组织驻区部队调送 90 万条编织袋等防汛物资，支援哈尔滨市抗洪抢险。

10 月 17 日，永定河右堤除险加固工程开工。共完成险工护砌工程 2163.7 米。工程于 2000 年 4 月 15 日完工。

是年，蒲洼小流域综合治理获得北京市政府"北京市西南流域综合治理示范研究项目"科技进步二等奖。

1999 年

3 月，房山区水利局进行入河排污口调查工作。涉及河道 9 条，调查排污口 73 个。调查工作于是年 5 月底结束。

9 月，四马台小流域、蒲洼小流域被水利部列为全国水土保持生态建设"十百千"示范小流域。

是年，大石窝万亩灌区改造工程开工，工程投资 688 万元。工程于 2000 年竣工。

是年，房山区被北京市政府授予"水利富民综合开发先进区县"称号。

2000 年

3 月，四马台小流域综合治理被水利部和财政部命名为"全国水土保持生态环境建设示范小流域"。

3 月，小苑水厂开工。工程于是年 11 月竣工。

3 月，"引万入良"供水工程开工。工程于 2006 年 12 月竣工。

5 月，崇青灌区改造工程开工，投资 698.2 万元。工程于是年 11 月 15 日竣工。

6月，刘同光荣获国务院政府特殊津贴。

6月，永定河滞洪水库工程开工。工程于2003年12月完工。

10月20日，房山区被北京市政府评为"水利富民优秀区县"。

11月，房山区水利富民二期工程开工。工程以水源保护为中心，构筑"生态修复、生态治理、生态保护"三道防线。工程于2003年10月完工。

11月，大石河三期治理工程开工。治理范围为坨里至京周公路段。工程于2002年8月竣工。

12月14日，蒲洼小流域综合治理被水利部、财政部命名为"全国水土保持生态环境建设示范小流域"。

是年，周口店万米渠灌区改造工程开工，改造干渠13.3千米，支渠6千米。工程于2002年12月竣工。

2001年

4月，西潞园充气式橡胶坝开工。工程于是年8月建成。

4月，利用世界银行贷款发展节水灌溉项目开工。项目于2006年6月完工。

10月17日，永定河右堤堤顶混凝土路面工程开工。道路总长21000米。工程于2002年5月竣工。

10月，半壁店小流域被水利部列为全国水土保持生态建设"十百千"示范小流域。

10月，撤销房山区水利局，成立房山区水资源局。

是年，张坊镇高标准灌溉示范区项目被列为国家级高标准节水示范区。

2002年

2月，由房山区市政管理委员会承担的城镇节约用水和城市防汛工作的管理职能，由房山区环境保护局承担的城镇自来水地下水源地保护管理职能，由房山区地矿局承担的核准地下水取水、管理地下水人工排水和回灌的职能，划转到房山区水资源局。

4月1日，西太平水库除险加固工程开工。工程投资110.9万元。工程于是年8月25日竣工。

10月10日，良乡污水处理厂开工。工程于2003年10月30日竣工。

12月3日，房山区政府印发文件，重新划定区管主要河道、水库、灌渠、集中供水水源地的管理保护范围。

12月20日，房山区第一个水务中心站张坊水务中心站正式挂牌成立。

2003 年

3 月 11 日，龙门口水库除险加固工程开工。工程投资 270 万元。工程于是年 6 月 15 日竣工。

3 月 11 日，大窑水库除险加固工程开工。工程投资 207 万元。工程于是年 6 月 15 日竣工。

3 月，北石门铅丝石笼坝在拒马河上开工。工程于是年 5 月完工。

4 月 2 日，刺猬河综合治理一期工程开工。工程于 2004 年 9 月竣工。

11 月，《房山水旱灾害》由中国水利水电出版社出版发行。2001 年 6 月开始编写工作。

12 月，张坊水源应急工程开工。工程于 2004 年 12 月 30 日全线贯通正式供水。

2004 年

1 月，房山区农用机井普查工作开始。对房山区农用机井进行 GPS 定位、普查建档和安装水表工作，调查机井共 4630 眼。普查工作于是年 3 月完成。

3 月 31 日，南水北调房山段拆迁调查工作开始。调查工作于是年 4 月 20 日完成。

4 月 21 日，大石窝镇集中供水厂开工。工程于 2005 年 11 月竣工。

4 月，《小清河行洪区洪水演进分析报告》通过水利部海河水利委员会审查。

5 月，房山区防汛抗旱及水资源指挥调度分中心一期工程开工。项目投资 257 万元。工程于是年 5 月完工。

5 月，成立房山区防汛抗旱专业抢险队。

7 月，房山区张坊集中供水厂工程开工。工程于 2005 年 1 月 27 日竣工。

10 月，丁家洼水库除险加固工程开工。工程于 2005 年 6 月完工。

12 月 28 日，撤销房山区水资源局，成立房山区水务局。

2005 年

3 月，房山区小清河分洪区信息管理系统开始建设。是年 6 月完工。

4 月 6 日，由房山区市政管理委员会承担的管理城镇供水、排水与污水处理、再生水利用等水行政管理职责划转到房山区水务局。

4 月 20 日，房山区长阳第二水厂开工。工程于 2006 年 10 月竣工。

4 月 27 日，房山区水务局排水所正式成立。

5 月，房山区南水北调工程建设委员会成立。

5月，南水北调中线工程房山段拆迁工作开始。此项工作于2007年10月全部完成。

6月20日，房山区地下水水质现状普查工作开始。普查范围涉及21个乡镇、42个地下水取样站点。普查工作于是年8月10日完成。

6月，崇青水库和大宁水库被国家防汛抗旱总指挥部列为全国防洪重点中型水库。

11月18日，区政府印发文件，明确了城关、良乡两城排水设施管理保护范围。

12月，房山区水利工程质量监督站成立。

是年，房山区获北京市政府颁发的"2005年度山区水土保持单项奖"。

2006 年

1月，"引磁入良"供水工程开工。工程于是年12月31日竣工。

1月，《北京市小清河分洪区建设规划报告》通过水利部水利水电规划设计总院的审查，并纳入海河流域蓄滞洪区建设与管理规划，为房山区东部地区发展提供了基础。

3月15日，崇青水库应急度汛工程开工。工程投资384万元。工程于是年11月20日竣工。

6月22日，房山区水务局代表房山区人民政府与中国石化集团北京燕山石油化工有限公司签订《对丁家洼水库共同管理的协议》。

9月，房山区水务工程建设项目办公室成立。

10月，建立水务与公安联络机制，联合打击盗采砂石及其他水事违法行为。

11月18日，房山区1100名管水员通过考试应聘上岗。

是年，全区组建了5个农民用水协会，在462个行政村组建了村分会。

2007 年

3月19日，房山区水务局与北京韩建集团签订城关污水干线工程BT融资项目合作协议。

3月29日，房山区突发公共事件应急委员会批准发布《房山区防汛应急预案》（房应急委发〔2007〕1号），适时向社会发布蓝、黄、橙、红四级汛情预警。

7月1日，房山区大中型水库移民后期扶持工作开始。扶持期限为20年，至2026年6月30日止。

7月26日，城关污水处理厂开工。工程于2008年10月竣工。

12月25日，房山区良乡三街排水站改造工程开工。工程于2008年6月竣工。

2008 年

8 月 10 日，全区普降大到暴雨，局地大暴雨，十渡站降水量最大为 162 毫米。暴雨引发山洪，造成直接经济损失 7878 万元。

9 月 28 日，南水北调冀水进京通水仪式在大石窝镇南河村举行。

12 月，房山区被财政部、水利部联合授予"全国农田水利基本建设县级先进单位"荣誉称号。

2009 年

2 月 14 日，刺猬河综合治理二期工程开工。治理长度 3.46 千米，总投资 12137 万元。工程于是年 11 月 10 日竣工。

3 月，2009 年房山区农村雨洪利用工程开工。工程于是年 7 月完工。

8 月，房山区被市水务局推荐为 2009 年中央财政小型农田水利建设重点县。

9 月，祁家坡水厂第二次扩建工程开工。工程于 2010 年 3 月完工。

是年，完成良乡中水综合利用工程。

2010 年

3 月 25 日，水峪水库和大窑水库除险加固工程开工。工程于是年 6 月 25 日竣工。

4 月 30 日，房山区山洪灾害防治试点建设工程完成。试点区域面积共 647 平方千米，投资 326.87 万元。工程于 2009 年 9 月 30 开工。

5 月，房山新城万亩滨水公园工程开工建设。截至年底，工程仍在建设中。

8 月，房山区水政监察大队成立。

第一篇　水资源与水文

第一章　水资源

1991—2010年，房山区境内水资源可用量持续减少，水资源紧缺问题日益突出，水资源供需矛盾不断加剧。通过合理规划配置水资源，加强节水管理与水资源保护，多水源开发利用等措施，确保了全区生产生活用水。通过加强水文观测管理，完善降水、地表水、地下水观测，为指导防汛抗旱、保护水环境提供了技术依据。

1991—2010年，房山区多年平均降水量为526毫米。受大陆性季风气候影响，降水年际变化大；降水年内分配不均，6—9月降水量占全年总降水量的85%；降水还具有丰枯水年交替发生及连续发生等特点。

1990—2010年，房山区多年平均地表水资源量1.04亿立方米，1990—2010年多年平均地表水资源可利用量0.63亿立方米。但自1999年起，连续9年干旱少雨，导致地表径流量锐减，同时污水排放也加剧了地表水可利用量的减少。

1990—2010年，房山区多年平均地下水补给资源量3.58亿立方米，地下水资源量3.34亿立方米，地下水可采资源量2.27亿立方米。为保障生产生活用水，境域地下水严重超采，2010年地下水年平均埋深12.44米，比1990年下降5.11米。

随着房山区社会经济发展，城镇规模扩张，污水收集处理设施建设滞后，污水多直排入河，河道水环境污染加重。为解决水资源紧缺和水污染问题，从节水管理、建设雨洪利用工程、加大再生水利用、实施生态治河、截污治污等方面采取了相应措施。

第一节　水资源调查评价

房山区在1979年曾做过一次水资源评价，资料系列为1956—1979年，评价结果为可利用水资源总量 4.02 亿立方米。2005—2006 年，房山区水务局委托北京市水文总站编制完成了《房山区水资源调查与评价》，采用的资料由第一次评价 1956—1979 年 24 年系列延长为 1956—2000 年 45 年系列，以调查和资料分析计算为基础，采用了多种途径、综合分析、合理检验的科学方法，评价了房山区水资源的数量和质量，评价结果为可利用水资源总量 3.1 亿立方米。

　　降水　房山区受地形、地貌、地理位置的局限和季风气候的影响，降水多由东南暖气流进境后，遇西北山脉阻拦，产生地形抬高气流作用，与西北来的强冷气流下压成对流相互作用后，致使气温急剧下降，在山前地带形成雨带，该雨带随山脉呈东北—西南分布，山前区域多暴雨或大暴雨；因山峦起伏不一，高低悬殊，形成多个环流，即多个降水中心，造成降水时序、过程、区域范围、中心位置和强度分布不均。降水集中在当日下午到次日凌晨。山区降水由中心向北，平原由中心向南，雨量逐渐减少，中心地带的雨量多于其他区域。一般年份在 45～105 毫米之间，山区年降水多于平原 40 毫米左右。

　　据房山区 22 个雨量站年降水资料统计分析，降水量年际变化大，区域分布极不均匀，最大在 1998 年 734.9 毫米；最少在 1997 年 316.6 毫米。各站降水差别较大，形成多个降水中心。年降水分布 1—2 月降水量少，7—8 月降水量多，汛期雨量约占全年总降水量的 85%，10 月至翌年 5 月降水量约占全年的 15%。全年连续无水日多达 100 多天。1991—2000 年，年均降水量 540.8 毫米。2001—2010 年，年均降水量 513.3 毫米，20 年平均年降水量 526 毫米。

1991—2010 年房山区降水量统计表

表 1-1　　　　　　　　　　　　　　　　　　　　　　　　　　　　　　　　单位：毫米

年份	降水量	年份	降水量
1991	601	2001	388.7
1992	432.6	2002	481.2
1993	390.2	2003	508.4
1994	698.4	2004	642.3
1995	626.6	2005	504.1
1996	733.5	2006	420.6
1997	316.6	2007	626.8
1998	734.9	2008	691.1
1999	410.3	2009	426.3
2000	445.1	2010	444.6

　　说明：降水资料来源于房山区防汛抗旱指挥部办公室

地表水　1991—2010 年，房山区降水量呈现减少趋势。同时由于人类活动的影响，导致下垫面产汇流条件发生了明显的变化，在相同的气候条件下，产生的天然径流量也出现了衰减趋势。

依据《房山区水资源综合规划》，房山区 1990—2010 年多年平均地表水资源量 1.04 亿立方米；地表水资源可利用率取平均值为 35%，房山区 1990—2010 年多年平均地表水资源可利用量为 0.63 亿立方米。

1990—2010 年房山区多年平均地表水资源量分区统计表

表 1-2　　　　　　　　　　　　　　　　　　　　　　　　　　　　　　　单位：万立方米

分区名称	山区	平原	小计
良乡	0	398.6	398.6
长阳	0	477.2	477.2
琉璃河	0	600.7	600.7
青龙湖	205.0	304.9	509.9
霞云岭	1037.5	0	1037.5
史家营	543.9	0	543.9
大安山	312.3	0	312.3
佛子庄	755.5	0	755.5
南窖	206.5	0	206.5
河北	352.5	0	352.5
窦店	0	364.9	364.9
阎村	22.7	233.0	255.7
石楼	0	235.8	235.8
城关	24.7	270.1	294.8
周口店	498.6	123.5	622.1
韩村河	265.4	271.2	536.6
长沟	36.8	178.0	214.8
蒲洼	453.3	0	453.3
十渡	977.1	0	977.1
张坊	510.7	93.2	603.9

续表 1-2

分区名称	山区	平原	小计
大石窝	217.1	268.9	486.0
燕山	149.1	47.2	196.3
新镇	0	11.2	11.2
总计	6568.7	3878.4	10447.1

房山区入境水量主要集中在拒马河，年际变化较大，最大年入境水量为 8.22 亿立方米（1996 年）、最小年入境水量为 0.52 亿立方米（2002 年）；入境水量呈衰减趋势。

1991—2010 年房山区地表入境水量统计表

表 1-3   单位：亿立方米

年份	入境水量	年份	入境水量
1991	2.86	2001	0.94
1992	1.29	2002	0.52
1993	0.87	2003	0.61
1994	1.91	2004	1.38
1995	4.40	2005	0.84
1996	8.22	2006	0.82
1997	1.84	2007	0.71
1998	2.69	2008	1.36
1999	1.45	2009	0.65
2000	2.86	2010	0.82

房山区出境水量为拒马河和大石河流入河北省的地表水。全区总出境水量主要集中在拒马河，大石河出境水量很小，年际变化比较大，最大出境水量为 13.33 亿立方米（1996 年），最小出境水量为 0.15 亿立方米（2006 年）。

1991—2010年房山区地表出境水量统计表

表 1-4　　　　　　　　　　　　　　　　　　　　　　　　　　　　　单位：亿立方米

年份	出境水量	年份	出境水量
1991	4.25	2001	0.72
1992	1.64	2002	0.42
1993	1.13	2003	0.36
1994	3.04	2004	1.54
1995	5.92	2005	0.38
1996	13.33	2006	0.15
1997	3.02	2007	0.53
1998	4.42	2008	1.68
1999	1.33	2009	0.44
2000	2.72	2010	0.27

地下水　房山区1990年地下水年平均埋深7.33米，2000年地下水年平均埋深10.64米，2010年地下水年平均埋深12.44米，20年累计下降5.11米，平均每年下降0.26米。

1991—2010年房山区地下水平均埋深统计表

表 1-5　　　　　　　　　　　　　　　　　　　　　　　　　　　　　　　单位：米

年份	地下水平均埋深	年份	地下水平均埋深
1991	7.33	2001	12.21
1992	8.43	2002	11.89
1993	10.55	2003	11.57
1994	7.76	2004	11.19
1995	7.29	2005	11.31
1996	7.26	2006	11.91
1997	10.23	2007	11.42
1998	8.97	2008	10.62
1999	10.46	2009	11.49
2000	10.64	2010	12.44

自1999年，北京地区持续处于来水偏少时期，地下水补给量远远小于开采量，多

处区域地下水呈现持续下降态势。根据《北京市房山区水资源规划报告》，2010 年，房山区地下水严重超采区主要分布于韩村河镇东北部，窦店西部和东部，阎村镇东南部，良乡的西北和南部地区，长阳镇南部地区，琉璃河西部、中部和东部均有分布。岩溶裂隙含水岩组主要分布在青龙湖镇北部地区的奥陶系下统冶里组、亮甲山组含水岩组和中统马家沟含水岩组，共计 332.28 平方千米。一般超采区主要分布于除禁采区和严重超采区外的平原区，以及河北镇西北部和南部的奥陶系下统冶里组、亮甲山组含水岩组和中统马家沟含水岩组，共计 382.96 平方千米。

根据《北京市房山区水资源规划报告》，房山区多年平均（1990—2010 年）地下水补给资源量 3.58 亿立方米，多年平均（1990—2010 年）地下水资源量为 3.34 亿立方米，多年平均（1990—2010 年）地下水可采资源量为 2.27 亿立方米。

1990—2010 年房山区地下水资源情况统计表

表 1-6   单位：万立方米

分类		丰水年	平水年	枯水年	极枯年	1990—2010 年平均
补给量	降水入渗量	39141	31790	26213	19920	31525
	灌溉入渗量	2225	1698	1690	2415	2458
	地表水入渗	3240	2100	1440	900	1900
	合计	44606	35588	29343	23235	35883
消耗量	溢出量	10873	9316	7376	3596	8504
	侧向径流量	7181	6229	5335	4755	6119
	开采量	25904	25146	24837	23320	25371
	合计	43958	40691	37548	31671	39994
贮存变化量		648	-5103	-8205	-8436	-4111
地下水资源量		42381	33890	27653	20820	33425
可采资源量		28174.6	23255.6	19194.0	14652	22747.0

说明：表中数据来源于《北京市房山区水资源规划报告》

第二节   水资源开发

地表水开发   截至 1990 年年底，房山区建有胜天渠，引水流量为 2.27 立方米每秒，控制灌溉面积约 1066 公顷；建有中型水库 5 座，小型水库 6 座，总库容 13784.63 万立方米，其中大宁水库总库容 3611 万立方米、永定河滞洪水库总库容 4389 万立方米、崇青水库总库容 2900 万立方米、天开水库总库容 1475 万立方米、牛口峪水库总库容 1000 万立方米、鸽子台水库总库容 152.19 万立方米、丁家洼水库总库容 110 万立方米、大窑水库总库容 56.5 万立方米、龙门口水库总库容 63.9 万立方米、西太平水库总库容 17.04 万立方米、水峪水库总库容 10 万立方米。

为了缓解北京市用水紧张，2003 年 12 月张坊应急水源工程开工，2004 年 12 月 30 日全线贯通正式向北京燕山石油化工有限公司、田村山水厂和云岗工业区等供水。截至 2010 年年底，张坊应急水源已经向北京燕山石油化工有限公司和城区供水 5.55 亿立方米，其中引拒马河地表水 4.63 亿立方米，开采地下水 0.92 亿立方米。

自 2006 年，房山区开始实施农村雨洪利用工程，主要利用农村现有坑塘经疏挖整理后蓄积雨洪水，改善村庄生态环境。截至 2010 年年底，房山区在长阳镇、阎村镇、大石窝镇、长沟镇、青龙湖镇等共完成雨洪利用工程 75 处，总蓄水量约 343 万立方米。

自 1993 年房山区第一座橡胶坝在拒马河上建成后，陆续在大石河、刺猬河、南泉水河及北泉水河上修建了磁家务橡胶坝、大南关橡胶坝、云居寺橡胶坝及西长沟橡胶坝，拦蓄河道径流。截至 2010 年年底，共建成 15 座橡胶坝，总蓄水量约 306 万立方米。

1993—2010 年房山区橡胶坝情况一览表

表 1-7

名称	所在河流	建成时间(年.月)	主要技术指标				回水长度(千米)	水面面积(万平方米)	蓄水(万立方米)
			坝型	坝高(米)	坝长(米)	坝顶高程(米)			
十渡橡胶坝	拒马河	1993.4	枕式	2	80	153	1.5	15	20
六渡橡胶坝	拒马河	1994.6	枕式	2.3	118	137.8	1.5	22.5	45
良乡橡胶坝	刺猬河	1994.10	枕式	2	25	41.5	2	3.3	4.8
河北橡胶坝	大石河	1996.6	枕式	2	48	113.9	0.8	9.6	20
西长沟橡胶坝	北泉水河	1999.6	枕式	2.5	15	—	3	4.5	3.6
西潞园橡胶坝	刺猬河	2001.8	充气式	2	30	42.8	1	6.7	6.2
云居寺橡胶坝	南泉水河	2002.7	枕式	2.5	50	—	2.3	8	12
磁家务橡胶坝	大石河	2002.7	枕式	2.5	78	94.5	2.9	34.8	50.3
沿村橡胶坝	北泉水河	2003.6	枕式	2.5	15	—	3	4.5	3.8

续表 1-7

名称	所在河流	建成时间（年.月）	主要技术指标				回水长度（千米）	水面面积（万平方米）	蓄水（万立方米）
			坝型	坝高（米）	坝长（米）	坝顶高程（米）			
半壁店橡胶坝	南泉水河	2003.7	枕式	3	90	—	2.5	25	50
大南关橡胶坝	刺猬河	2003.8	枕式	2	25	40.7	1	3.0	3.8
南刘庄橡胶坝	刺猬河	2003.10	枕式	2.5	36	37.25	2	10.5	7.8
琉璃河橡胶坝	大石河	2005.7	枕式	2.5	62.5	26.0	4.8	30	15
坟庄橡胶坝	北泉水河	2009.3	枕式	2.77	15	—	3	4.5	7
鲁村橡胶坝	刺猬河	2009.10	枕式	3	80	—	2.4	19.2	57

说明：表中"—"为数据统计不详、缺失

为利用拒马河地表水，2003—2010 年在拒马河上先后建成北石门铅丝石笼坝、东湖港铅丝石笼坝及八渡铅丝石笼坝等 10 座铅丝石笼坝，总蓄水量约 80 万立方米。

地下水开发 1991 年，通过对全区机井的普查，全区共有机井 4357 眼，用于工业、农业、林业、养殖业及人畜饮水等方面用水。机井总数中，1980 年以前所建机井占总数的 69%，1981 年以后的占 31%。驻区中央、市属单位占 4%，村属占 91%，其他为区级或乡镇及住宅小区所有。从使用上看，机井出水情况良好，有些不良的主要是因干旱地下水水位下降所致，也有部分老化的机井或机井被淤堵等。从机泵类型看，潜水泵居多，占总量的 56%，其次是深井泵占 28%，再次为离心泵。为解决地下水水位下降问题，潜水泵不断增长，离心泵逐渐退出。从管理上看，每一眼井都有专人或专业队管理，有 79% 的井安装了电度表，28% 的井建有井房，还有少部分装有计时器或水表。随着规模经营的发展，收费基本以场队统交为主，占总数的 43%，其余按灌溉面积或个户按量收缴。

房山区根据各个方面对水资源的要求，对旧的机井进行了改造，为控制各个地区的水资源，按需求和定量批准打井，按用量收缴费用。截至 2010 年全区机井总数 4824 眼。

再生水利用 房山区的再生水利用主要是北京燕山石油化工有限公司的工业废水经处理后的再生水及良乡、城关污水处理厂经处理后的再生水。

2001 年，由城关街道办事处组织实施了顾册再生水利用示范项目，该项目水源是北京燕山石油化工有限公司排放的污水经过处理后的再生水，主要采用喷灌、微喷灌、滴灌等节水灌溉方式，灌溉面积 156.6 公顷。因温室微灌对水质要求较高，用地下水解决，其余都使用了再生水灌溉，工程投资 2289.5 万元，年利用再生水约 114 万立方米。

截至 2010 年年底，房山城区共建成 2 座污水处理厂，日处理再生水 6 万立方米。其中，2003 年建成运行的良乡污水处理厂，日处理再生水 4 万立方米，主要为刺猬河生态补水、良乡地区绿化灌溉及道路浇洒；2008 年建成运行的城关污水处理厂，日处理再生水 2 万立方米，主要为大石河生态补水和城关地区绿化灌溉及道路浇洒。另外有北京市琉璃河水泥有限公司、北京生态岛科技有限责任公司、北京锦绣花园投资发展有限公司、北京北方温泉会议中心、北京农业职业学院等单位，通过自建再生水利用设施，为企业生产和环境用水提供再生水。2010 年，房山区再生水利用量为 2583.11 万立方米。

第三节　水资源利用

从 20 世纪 90 年代初期开始，随着人民生活水平的逐渐提高，城镇生活用水量和第三产业用水量逐年递增。同时，经济社会迅速发展，1990—2006 年工业用水量逐年递增。2006 年以后工业用水量呈下降趋势。由于加强了农业节水灌溉的力度，农业灌溉用水量逐年减少；农村生活用水以及建筑业用水基本持平，生态环境用水量略有增加。

1990—2010 年房山区多年平均年用水量为 2.95 亿立方米。统计年份中，用水量最多的年份是 1991 年，为 5.03 亿立方米；用水量最小的是 2002 年，为 1.96 亿立方米。

1991—2010 年房山区水资源利用量统计表

表 1-8　　　　　　　　　　　　　　　　　　　　　　　　　　　　　　　单位：万立方米

年份	全年总计	工业	农业	生活
1991	50285.1	9062	37751.2	3471.9
1992	40313.5	—	38575.2	1738.3
1993	28110.4	4136	22357.1	1617.3
1994	28148.8	4156	22375.5	1617.3
1995	27621.6	4256	21675.5	1690.1
1996	27756.6	4200	21866.5	1690.1
1997	25036.4	2935	20370	1731.4
1998	27540.3	3089.8	21375.76	3074.74
1999	—	—	—	—

续表1-8

年份	全年总计	工业	农业	生活
2000	26842.8	3080	21342.3	2420.5
2001	26838.7	4035.6	18824.3	3978.8
2002	19580.89	1814.4	15456.87	2309.62
2003	22100	4143	13173	4784
2004	26458	4601	14328	7529
2005	29068	5968	14982	8118
2006	28197	6585.2	14804.1	6807.7
2007	26931	4132	15119	7680
2008	26814	3375	15855	7584
2009	27213.19	3100.76	16141.44	7970.99
2010	24876	2941.53	13720.39	8214.08

说明：表中"—"表示数据缺失。数据来源于《北京市房山区水资源规划报告》

1991—2010年房山区各类水用水量统计表

表1-9   单位：万立方米

年份	全年总计	地下水	地表水	再生水
1991	50285.6	33340	16945.6	—
1992	40313.1	25982	14331.1	—
1993	28110.4	24281	3829.4	—
1994	28148.8	24856	3292.8	—
1995	27621.4	25027	2594.4	—
1996	27756.4	24971	2785.4	—
1997	34813	21703	13110	—
1998	27540.5	24481	3059.5	—
1999	—	—	—	—
2000	26842.8	24114	2728.8	—
2001	26837.9	23021	3816.9	—

续表 1-9

年份	全年总计	地下水	地表水	再生水
2002	19581.3	18145	1436.3	—
2003	22100	19980	1420	700
2004	26458	23759	1535	1164
2005	29068	26012	1576	1480
2006	28197	25240	1240	1717
2007	26931	24284	1236	1411
2008	26814	24200	1339	1275
2009	27213.4	23410	1043.4	2760
2010	24876.5	21586	707.4	2583.1

说明：表中"—"表示数据缺失，数据来源于《北京市房山区水资源规划报告》

　　水源种类主要有地下水、地表水和再生水。地下水一直是最主要的供水水源。1990—1999 年，由于气象干旱等因素的影响，地表水逐年减少，地表水用水量也逐渐减少。2003—2010 年，再生水利用率逐渐提高，已超过地表水用水量。

　　2010 年房山区总用水量为 2.49 亿立方米，其中农业用水量 13720 万立方米，占总用水量 55％；生活用水量 3450 万立方米，占总用水量 14％；工业用水量 2942 万立方米，占总用水量 12％；建筑业用水量 327 万立方米，占总用水量 1％；第三产业（公共服务业）用水量 3604 万立方米，占总用水量 15％；生态环境（城镇环境、农村生态）用水量 832.37 万立方米，占总用水量 3％。农业用水主要为农田灌溉用水，工业、生活用水和城镇绿化用水主要集中在良乡、城关和燕山地区。

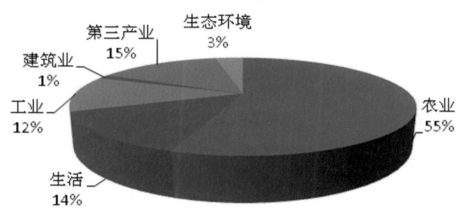

图 1-1　2010 年房山区用水分类结构图

第二章　水文

房山区内建有张坊水文站和漫水河水文站等，主要对拒马河和大石河的水位、流量、降水等项目进行观测。

从 20 世纪 60 年代开始，在北京市水利、地质等有关部门支持下，房山区建立了覆盖全区范围的降水、地下水观测站网，并开始相关观测工作。截至 2010 年年底，在全区设有降水观测站 22 个，地下水观测井 37 眼。

第一节　水文站网建设

雨量站　从 20 世纪 60 年代开始，降水测站不断增多并覆盖到房山区全区范围，测站主要布设在各乡镇政府所在地或水管单位。截至 2010 年，全区共建有 22 个雨量观测站，其中市级雨量站 14 个：大安山、史家营、蒲洼、十渡、霞云岭、南窖、张坊、漫水河、崇各庄、天开水库、城关、良乡、葫芦垡及琉璃河；区级雨量站 8 个：佛子庄、石楼、长沟、窦店、南召、窑上、官道及黄山店。

水文站　房山区内建有张坊水文站、大沙地水文站、漫水河水文站、崇青水库水文站、蒲洼水文站及片上水文站，均由北京市水文总站负责管理。

张坊水文站　位于房山区张坊镇张坊村，北纬 39°34′，东经 115°41′。该站始建于 1951 年，是海河流域大清河水系拒马河上的控制站，流域面积 4810 平方千米，国家重要水文站。承担水位、流量、单样含沙量、悬移质输沙率、颗粒分析、水温、降水量、蒸发量、水质等 14 项观测任务和所有项目的资料整编工作。

大沙地水文站　位于房山区十渡镇大沙地村，北纬 39°39′，东经 115°30′。该站始建于 2005 年，是海河流域大清河水系拒马河上的入境控制站，流域面积 4457 平方千米，国家重要水文站。承担水位、流量、水质 3 项观测项目。

漫水河水文站　位于房山区河北镇磁家务村，北纬 39°48′，东经 115°59′。该站始建于 1951 年，是海河流域大清河水系大石河上的控制站，流域面积 653 平方千米，国家基本水文站。承担水位、流量、单样含沙量、悬移质输沙率、水温、降水量、蒸发量、水质等 11 项观测任务和所有项目的资料整编工作。

崇青水库水文站　位于房山区青龙湖镇崇各庄村，北纬 39°47′，东经 116°05′。该站始建于 1958 年，是海河流域大清河水系小清河支流刺猬河上的控制站，流域面积 105 平方千米，国家基本水文站。承担水位、流量、降水量、蒸发量、水质等 6 项观测任务和所有项目的资料整编工作。

蒲洼水文站　位于房山区蒲洼乡蒲洼村，北纬 39°44′，东经 115°32′。该站始建于 2005 年，是海河流域大清河水系拒马河支流马鞍沟上的控制站，流域面积 24.4 平方千米，国家基本水文站。承担水位、流量、降水量 3 项观测项目。

片上水文站　位于房山区十渡镇西关上村，北纬 39°38′，东经 115°39′。该站始建于 2005 年，是海河流域大清河水系拒马河胜天渠上的引水流量控制站，流域面积 4709 平方千米，国家基本水文站。承担水位、流量 2 项观测项目。

地下水观测井　1990 年，房山区有地下水人工观测井 29 眼，分别是坨头一站、坨头二站、郑庄站、丁各庄站、西营站、北广城站、葫芦垡站、小陶村站、公议庄站、苏庄站、官道站、小董村站、北坊站、苏村站、口头站、马各庄站、二龙岗站、曹章站、东吕站、孤山口站、太和庄站、王庄站、张坊站、大峪沟站、大苑村站、交道一街站、城关站、田各庄站、北洛站。1993 年，取消北洛站观测井，增加平各庄站观测井，人工观测井总数仍为 29 眼。1994 年，取消马各庄站观测井，人工观测井总数减少为 28 眼。1996 年，取消大峪沟站、张坊站、交道一街站观测井，人工观测井总数减少为 25 眼。1997 年，取消东吕站观测井，恢复交道一街站观测井，人工观测井总数仍为 25 眼。2000 年，取消平各庄站、二龙岗站、城关站观测井，人工观测井总数减少为 22 眼。2001 年，房山区建成地下水自动观测井 10 眼。2007 年起，房山区人工地下水观测增加 5 眼承压井，分别是万里大队站、西南吕站、官庄站、兴隆庄站和杨庄子站。截至 2010 年，地下水观测井共有 37 眼，其中人工观测井 27 眼、自动观测井 10 眼。

所有地下水观测井主要观测地下水水位，北坊、太和庄、坨头、小陶村、官道、田各庄及北广城地下水观测井还具有地下水水质监测任务。人工观测井由各村管水员负责观测，每月 1 日、6 日、11 日、16 日、21 日、26 日各观测一次地下水水位；承压井由各村管水员负责观测，非汛期每月 26 日观测一次地下水水位，汛期每月 16 日、26 日各观测一次地下水水位；观测员按要求将观测数据记录后，每月月底前上报房山区水行政主管部门，由专人统一整编观测数据，经审核后上报到北京市水文总站。同时通过地下水观测数据对比，完成房山区地下水动态变化趋势分析。

2010 年地下水自动观测井一览表

表 1-10

序号	名称	序号	名称
1	北坊站	6	北广城站
2	坨头站	7	苏庄站
3	王庄站	8	官道站
4	西营站	9	丁各庄
5	小陶站	10	苏村站

第二节 水质监测

地表水水质调查 1991 年，为加强水资源保护，在市水利局及市水文总站等单位的协助下，区水利局对全区范围内的入河污水口、污水量及污染物入河量进行了详细调查。具体包括：大石河、拒马河、小清河、刺猬河、丁家洼河、东沙河、西沙河、马刨泉河、周口店河和南北泉水河、95 个排污口，实测流量 31 个，水质化验 29 个。同时，针对区内重点排污企业的生产状况及产污量进行调查，基本摸清全区污水排放情况和污染情况。

根据实测情况，按污染源的性质可分为工业污染和生活污染两大类。主要污染源分布在良乡、燕山、城关和琉璃河等地区。工业污染源主要是化工、水泥、造纸、建材和采煤企业，主要有市属以上的北京燕山石油化工有限公司、北京化工四厂、琉璃河水泥厂、华北电力设备总厂和区属的啤酒厂、造纸厂、矽砂厂以及水泥厂等，年排污总量7084.47 万立方米；生活污染源主要是良乡、城关、燕山和琉璃河的城镇居民和医院等，年排污总量 2102 万立方米。

从实测化验结果看，除大石河上段及拒马河有轻度污染外，其他河道均已成为污水河流。丁家洼河、马刨泉河、大石河下段、刺猬河良乡橡胶坝以下及小清河等最为严重，东沙河、周口店河次之，南泉水河、北泉水河、拒马河较好。按照国家《地面水环境质量标准》（GB 3838-88），小清河、大石河下段、东沙河、马刨泉河、周口店河为Ⅴ类水体，大石河上段、泉水河、拒马河为Ⅲ类水体。

1991 年房山区各河道污染物浓度化验结果统计表

表 1-11   单位：毫克每升

河道名称	pH 值	化学需氧量	酚	氨氮	水质类别
小清河	7.97	152	—	2.04	> V
刺猬河	7.91	< 10	—	1.52	> V
大石河	7.54	31.5	—	0.646	> V
丁家洼河	7.67	37.8	—	4.23	> V
东沙河	7.7	48.4	0.017	2.64	> V
马刨泉河	7.57	25.0	—	1.80	> V
周口店河	7.65	24.0	—	—	V
泉水河	7.69	< 10	—	< 0.02	III
拒马河	8.1	1.0	—	0.03	III

说明：表中"—"表示数据缺失

1999 年，按照水利部《关于加强入河排污口管理工作的通知》要求，依据北京市水利局文件精神和技术大纲，房山区相应成立入河排污口调查工作小组，完成了入河排污口调查工作。

此次调查了大清河水系，全区分拒马河流域、大石河流域及小清河流域的 9 条河流，即小清河、刺猬河、大石河、丁家洼河、东沙河、马刨泉河、周口店河、泉水河、拒马河；4 座水库即崇青水库、丁家洼水库、牛口峪水库、龙门口水库；走访单位 8 个；调查排污口 73 个，其中对 35 个排污口进行流量实测，对 18 个排污口进行水质化验，实测排污口占调查总数的 48％；实测入河污水量占入河总量的 93.6％。

区内工矿企业、居民生活污染源主要分布在大石河流域的山前地带和大石河下游沿岸；小清河流域的污染源主要来源于丰台区长辛店及云岗的混合污水和良乡地区的混合污水，其主要是生活污水；拒马河流域主要是天然建材加工的污染和旅游业的小部分污染，还有华尔森啤酒厂的少量污水，属轻度污染，拒马河流域的水质比其他河流要好。

全区 9 条河流，除大石河上游和拒马河、北泉水河、刺猬河上段有轻度污染外，其他河流均已成为污水河道，不包括无水的永定河、牤牛河、北泉水河（无污染）。

此次调查，全区产污量 10738.94 万立方米每年，其中工业 8726.3 万立方米每年，生活 2012.64 万立方米每年，损失量 1420.3 万立方米每年，污水处理量 592.3 万立方米每年，实际入河污水量 10047.94 万立方米每年（包括丰台入境 2277.6 万立方米每年），调查的实际水量占入河总量的 93.6%。

1999 年房山区各河道污染物化验结果统计表

表 1-12   单位：毫克每升

河道名称	化学需氧量	酚	氨氮	铬+6	水质类别
小清河	8.73	< 0.002	3.31	0.015	V
刺猬河	55.0	0.028	28.1	0.007	V
大石河	5.4	< 0.002	1.48	0.019	V
丁家洼河	断流无水	断流无水	断流无水	断流无水	断流无水
东沙河	8.6	0.003	3.86	0.013	V
马刨泉河	8.6	< 0.002	4.10	0.017	V
周口店河	4.7	< 0.002	1.34	0.011	V
泉水河	7	< 0.002	0.49	0.059	III
拒马河	2.4	< 0.002	0.27	0.004	III

1999 年房山区水库水质化验结果统计表

表 1-13   单位：毫克每升

库　名	化学需氧量	酚	氨氮	铬+6	类别
崇青水库	4.5	< 0.002	0.18	0.012	II
丁家洼水库	4.9	0.003	0.54	0.006	III
牛口峪水库	8.6	< 0.002	4.10	0.017	V
龙门口水库	3.3	< 0.002	0.09	0.006	I

地表水水质监测　1991—2010 年，房山区水行政主管部门未在区内河道和水库设置固定地表水水质监测站点。仅部分年份开展了地表水水质监测工作。

根据 2002 年对房山区地表水监测结果，2002 年房山区地表水中严重污染和中度污染河段已经消失,清洁河段增加,但由于部分河段出现无水现象,可比性较差。东南召地表水和牛口峪水库的水质部分指标超标,在可测的 9 个取样点中水质较差。氨氮、耗氧有机物是房山区地表水中的主要污染物,氨氮在部分监测点中超标比较严重,生化需氧量超标现象普遍。拒马河、崇青水库水中污染物含量一直较低,且变化不大,水质较好。

2002 年房山区地表水污染指数及污染程度一览表

表 1-14

河流水库	污染指数	污染程度
张坊	0.64	清洁
西河	0.67	清洁
东南召	2.47	轻度污染
兴礼大桥	1.66	轻度污染
下坡子	0.93	清洁
丁家洼水库	1.24	轻度污染
牛口峪水库	2.06	轻度污染
漫水桥	2.05	轻度污染
崇青水库	0.91	清洁

说明:污染指数采用综合污染指数法计算

根据 2004 年对房山区地表水的监测,共采样 4 次,丰水期、枯水期各 2 次,其中枯水期设在 4 月、5 月,丰水期设在 7 月、8 月。全年实际监测 4 条河段(6 个监测点)、4 座水库。监测结果显示:氨氮、生化需氧量是房山区地表水中的主要污染物,氨氮在部分监测点中超标比较严重,化学需氧量超标现象普遍。污染较严重的河流有大石河下段、东沙河、小清河,水质都为劣 V 类;拒马河、大石河上段水质基本达标;水库中牛口峪水库、丁家洼水库污染严重,水质为劣 V 类;崇青水库也有轻微污染,水质 IV 类,龙门口水库水质基本达标。

根据 2008 年丰水期、枯水期监测结果显示:拒马河入境点大沙地水质达到 II 类标准,符合相应的功能水质标准要求;张坊大桥达到 III 类标准,主要污染物为生化需氧量。大石河上游漫水河为 III 类水体功能标准,下游的兴礼大桥、东沙河的漫水桥水质为劣 V 类,主要污染物为生化需氧量、氨氮。小清河东南召站水质为劣 V 类,主要污染物为化学需氧量、生化需氧量。在 4 座水库中，龙门口水库水质为Ⅲ类，崇青水库水质为Ⅳ类，主要污染物为生化需氧量和化学需氧量，牛口峪水库和丁家洼水库都为劣Ⅴ类，主要污染物为化学需氧量、生化需氧量、氨氮。

截至 2010 年年底，房山区 13 条河道的水质，符合Ⅱ～Ⅲ类水质的河道有拒马河水系的北泉水河和南泉水河，水质基本没有受到污染；大石河水系包括大石河上游、夹括河以及小清河水系的刺猬河水质符合Ⅲ类水质标准。其他河流水质均为Ⅳ～Ⅴ类，主要污染物指标为化学需氧量、生化需氧量、总磷和氨氮等有机污染项目。崇青水库水质类别达到Ⅳ类，龙门口水库水质类别达到Ⅴ类，丁家洼水库、牛口峪水库水质类别均为Ⅴ类。

地下水水质监测 1991 年，房山区设地下水水质监测点 4 个，基本监测项目有氨氮、硝酸盐氮、亚硝酸盐氮等十几项。截至 2010 年年底，地下水水质监测点增至 16 个，每个监测点每年 5 月和 8 月监测两次。

2002 年 9 个地下水监测点中，属于极差的监测点 1 个，为顾册党校；属于较差的 2 个，为芦村三岔口和良乡城内自来水；水质良好的监测点 5 个；水质优良的监测点 1 个，为房山。

总硬度是影响地下水水质最主要的因素，9 个监测点中有 3 个点超标，其中顾册党校总硬度超标 1.27 倍。氨氮和六价铬也有超标现象出现，均出现在顾册党校监测点，其他污染物在地下水中的含量较低。房山城关自来水中污染物含量较低，水质较好。顾册党校严重超标，水质较差。良乡城内自来水和芦村三岔口有部分污染物。

依据《地下水质量标准》（GB/T 14848-93）中推荐的地下水质量综合评价方法，2002 年房山区地下水各监测点评价结果见下表：

2002 年房山区地下水各监测点评价结果一览表

表 1-15

监测点位	评价分值	地下水质量分级	地下水质量类别
城关自来水	0.72	优良	Ⅰ
顾册党校	7.47	极差	Ⅴ
马刨泉	2.37	良好	Ⅱ
瓜市	2.21	良好	Ⅱ
辛开口	2.21	良好	Ⅱ
芦村三岔口	4.34	较差	Ⅳ
琉璃河自来水	2.15	良好	Ⅱ

续表 1-15

监测点位	评价分值	地下水质量分级	地下水质量类别
双磨	2.15	良好	II
良乡自来水	4.29	较差	IV

2005年6—8月，对房山区21个乡镇的42个地下水取样站点进行了水质检测，检测结果显示：房山区地下水水质超标指标主要有总硬度（40.5％）、大肠菌群（40.5％）、硝酸盐氮（14.3％）、氨氮（9.5％）、细菌总数（9.5％）等；从水质级别看，III类水占26.2％，IV类占26.2％，V类占47.6％，该区浅层地下水已无II类及其以上的优质水，V类水已接近一半，地下水污染形势严峻，尤其是坨头、大苑等地区多项指标超过V类水指标。

2005年4月和9月分别对坨头、北广城和官道等8个地下水水质监测点取样检测，共检测32项指标，其中10项指标均达到I类标准，其余22项指标中，各水质指标大部分在II～III类之间。

截至2010年年底，房山区西部山区地下水质量普遍处于优良和良好的水平，各项水质指标均优于《生活饮用水卫生标准》（GB 5749-2006）的限制；房山区东部平原区地下水质量相对较差，已经出现了面状污染，局部地区污染组分超标严重。房山区平原区第四系地下水水质不容乐观，张坊镇南部和大石窝西南部为II类水分布区；III类水分布在房山区南部和房山新城中北部，中间被东西向的IV类水带分割；V类水主要分布于良乡组团良乡、长阳地区北部，以及城关西南部地区和石楼镇西部地区。

第二篇 水旱灾害与防汛抗旱

第一章 水旱灾害

　　房山区处于暖温带半湿润地区，大陆季风气候十分明显，降雨时空年内分布不均，因地理位置及地形、地势、气象等诸多因素影响，历史上水旱灾害频发。房山区水旱灾害主要有暴雨洪水灾害、山区泥石流灾害、冰雹灾害和旱灾。新中国成立后，大力兴修水利，修建了一批防洪、蓄水、提水工程，对水旱灾害防御起到了一定的作用。

　　1991年至2010年的20年中，有8年降水大于多年（1980—2010年）平均年降水量511.3毫米，其中1998年降水量最大为734.9毫米，1998年7月5日出现的大暴雨（139.4毫米）引发全区范围洪涝灾害。年降水量小于多年（1980—2010年）平均年降水量511.3毫米的年份共有12年，9次发生在1999年之后，2001年降水量最小为388.7毫米，全年旱情严重。

　　为防治水旱灾害，先后治理了大石河、刺猬河等河道及骨干排水沟，同时为应对干旱，大力兴建闸坝与坑塘蓄水工程，增加雨洪水利用，建设镇村供水工程解决饮水困难，推进高效节水灌溉，消减高耗水作物种植。由于降水在年际和年内极不平衡，经常发生春旱秋涝，年际间旱涝交替出现或连旱连涝。进入干旱时期，降水偏少，有些地区人畜饮水时有发生紧缺，造成灾害。

第一节 洪涝灾害

　　房山地区的水灾多为暴雨洪水灾害，主要发生在大石河和拒马河流域，主要由强降雨产生山洪所形成，洪水先后汇入河流后，由于河道上游没有有效的控制性工程，使河水猛涨、泛滥，易漫滩成灾，低洼地区农田、村庄常受洪水淹没、围困或冲刷、淤积等灾害。

1991—2010年，房山区发生较大洪涝灾害的年份主要有1994年、1996年、1998年。自1999年后房山区连续干旱，发生的洪涝灾害主要为局部暴雨引发的山洪灾害，各流域没有发生较大洪水。

1994年8月12日，全区平均降水58.5毫米，其中黄山店雨量站降水155.2毫米，小时最大降水100毫米，产生洪涝灾害。主要受灾乡镇是南窖、周口店、十渡、佛子庄、岳各庄、史家营、石楼、琉璃河等，黄山店沟洪峰流量达到50立方米每秒，周口店河洪峰流量达到60立方米每秒。此次降水历时短，强度大，造成房屋倒塌1间，房屋损坏18间，粮食作物受灾面积34.19公顷、成灾面积14.16公顷、绝收面积15.33公顷，冲毁公路42.8千米，损毁通信线路1千米。洪涝灾害损失1128.079万元。

1995年7月29日强降雨，全区平均降水32.9毫米，山区平均降水39.6毫米，主要集中在蒲洼乡的芦子水、鱼斗泉、宝水3个村，蒲洼站降水量77.5毫米。山洪冲毁耕地，绝收384亩，倒折果树240株，家禽1050羽，房屋倒塌134间，冲毁公路9.15千米、堤堰2770处、通信线路2.4千米，冲走煤7560吨、引水管路6000米及家用电器等。共计损失276万元。8月16日，房山区局部暴雨加大风，风力8级，全区平均降水45.9毫米，山区平均降水64.2毫米，其中南窖站降水量103.6毫米、霞云岭站降水量96毫米。受灾地区主要是西安、北安、三合村、下石堡、蒲洼等地，粮食作物受灾面积9912亩，其中重灾7855亩、轻灾1540亩、绝收495亩。蔬菜重灾30亩，果类受灾4200亩，倒折果树1332株，损失羊51只、家禽3000余羽，倒塌房屋11间、墙院166处，冲毁公路52千米、桥涵5处、谷坊坝71处及冲走家用电器等。共计损失302.6万元。

1996年8月4—5日，受第8号台风北上的低压云系影响，房山区普降大到暴雨，全区平均降水105.2毫米，南窖站降水量最大为143.3毫米。

图2-1　1996年8月拒马河洪灾

强降雨导致山洪暴发，河水猛涨，8月5日11时，拒马河张坊水文站实测最大洪峰流量1720立方米每秒，为1963年以来最大洪水；大石河漫水河水文站8月5日16时30分实测洪峰流量达178立方米每秒，周口店、夹括河、丁家洼及刺猬河等河道同时发生较大洪水。此次洪水造成全区粮田过水3867公顷，成灾2267公顷，绝收1267公顷；冲毁及淹没鱼塘4.83公顷，损失鲜鱼23.1万千克；受灾果园1525公顷，冲毁果园131.7公顷，经济林20.8公顷，林木10995株。207家乡镇企业因洪水被迫停产；冲走原煤2.32万吨、石灰2000吨，毁坏民房228户618间。冲毁区级以上公路96处、桥涵58处，使240千米公路交通中断，冲毁乡村道路124千米。毁坏的水利工程200余处，其中堤防1647米，大口井60眼，机井51眼，引水管路480米，渠道3660米，蓄水池3座；拒马河上十渡、六渡等橡胶坝严重损坏；22座排涝站有8处被淹，地基沉陷，泵房、机泵被毁；十渡镇13座小水电站遭到不同程度的破坏。此次洪水造成直接经济损失达8679万元。其中农业损失2933万元、乡村路损失475万元、企业损失2470万元、水利设施损失2801万元。

1998年7月5日下午至6日凌晨，受太平洋副热带高压边缘偏南暖湿气流和内蒙古地区东移南下冷空气的共同影响，全区普降大到暴雨，全区平均降水量139.4毫米，降水主要雨区在山区，霞云岭站降水量最大为229.7毫米，南窖213.8毫米，造成大石河、拒马河山洪暴发，漫水河水文站实测最大流量147立方米每秒，拒马河张坊水文站流量334立方米每秒。洪水淹没、冲毁粮田1618公顷，造成316公顷绝收，冲毁菜田24公顷，4040株果树倒折，冲走树木324株，1250株花椒树遭雹灾。洪水淹没煤厂13座，煤矿停产28个，冲走原煤40.2万吨、石灰2000吨。冲毁公路、乡村路167千米，桥涵4处。大安山乡交通中断，108国道两处受阻，部分村车辆无法行驶；冲倒电杆71根，冲毁变压器1台、高压线2处，通信电缆6000米，造成大安山乡及部分村庄通信中断。十渡电站大坝决口，严重影响发电。洪水造成54户房屋倒塌，2000余间民房漏雨；冲毁各类机动车17台，冲毁机井、大口井5处，水泵3台，饮水管路1000米，造成3000余人饮水困难。在抢险救灾过程中，佛子庄乡红煤厂村民姜永和被洪水冲走。此次洪水造成直接经济损失5170万元。

2000年7月4日，全区普降大到暴雨，局部地区有特大暴雨，全区平均降水量117毫米，大安山站降水量最大为292.3毫米，佛子庄站降水量212.2毫米，南窖站降水量198.8毫米。由于降水强度大、历时短，造成山洪暴发，大安山、南窖、佛子庄、河北、石楼、城关、琉璃河等13个街道乡镇造成不同程度的灾害。冲毁粮田299公顷，倒塌房屋115间，冲毁桥涵6座，损坏电线6000米，冲毁地堰9795米，冲毁公路46.29千米，冲折果树4700株，冲走原煤11吨，冲毁机井、塘坝、防渗渠道、鱼池等，此次洪水造成直接经济损失 3248.9 万元。

2004 年 7 月 20 日，全区普降大到暴雨，全区平均 47.5 毫米，佛子庄站降水量最大达 173.0 毫米，十渡站降水量 160 毫米。由于降水强度大、历时短，造成山洪暴发，冲毁公路 60 余处、公路桥 2 座、饮水管路 750 米，倒塌房屋 45 间，157 间房受损，冲走石灰、原煤 2715 吨，冲毁粮田 66.7 公顷、果树 2000 余株。此次洪水造成直接经济损失 2130 万元。

2006 年 5 月 24 夜至 25 日凌晨，城关地区局地暴雨，房山站降水量达 65 毫米。由于集中短时强降水形成了瞬时洪水，使下游产生灾害。25 日 2 时左右，东沙河洪水暴涨，致使岸堤坍塌，形成洪水泛滥，洪水浸淹了东街村、南关村及下游田各庄村，主要受灾的是农户、企业及加工原材料业、养殖业、公共设施及街道路面、粮田、菜地等。洪水造成企业的机械设备及元件、原料受损；冲刷农田 100 亩、菜田 10 亩；冲坏多处街道；养殖户的小猪和饲料被淹，造成小猪死亡 28 头；洪水冲毁堤防和灌渠设施 70 余米。造成直接经济损失 130 余万元。

2007 年 8 月 6 日 17 时，城关地区开始降雨并遭受暴风袭击，房山站降水量达 34 毫米，主要雨区在城关至漫水河一带，大风 7 级以上，暴雨伴有冰雹。因南水北调工程正在施工，造成城关地区排水不畅，很快城区形成大面积积水，西街、洪寺、北关、东街、南关、饶乐府等村受灾。17 时 30 分出动抢险 30 余人，清理被堵的雨水箅子 300 多个。因暴雨来势猛，伴有大风和冰雹，造成供电设备停电，排水泵不能及时启用，致使蓄水池水位猛涨，高达 3.5 米，水量 6300 多立方米。22 时 30 分恢复用电后，泵站开始排水，7 日 11 时排除积水。北斜街甲 2 号院附近住宅积水多，打开污水井 3 处和 10 余个雨水箅子，用时 1 个半小时，积水得以排空；北斜街 1 号附近，用临时排水泵，用时近 4 个小时，将积水排除；柳林前街，因雨水顶破排水沟，冲毁路面，造成东街、柳林前街积水深达 40 厘米，排水人员提起 10 多个雨水箅子，清除 50 处堵塞的雨水箅子，用时 1 个半小时将积水排除；洪寺 1 号院用临时水泵排 1 个多小时解决积水问题；美廉美超市附近，打开雨水箅子 15 处，清理堵塞雨水箅子 20 余处，近 2 小时将积水排除。此次降水造成 306 户房屋进水，房屋受损 218 户，农作物受灾面积 36.1 公顷，大棚坍塌、积水，树木折断 1751 株，苗圃 5000 余株，直接经济损失 850 万元。

2008 年 6 月 13 日，全区普降大到暴雨，局地大暴雨，全区平均降水量 45.9 毫米，佛子庄站降水量最大为 172 毫米，十渡站降水量 138 毫米，南窖站降水量 106 毫米。造成韩村河、佛子庄等 7 个乡镇 96 个村不同程度的损失，此次洪水造成小麦受灾 2240 公顷，成灾面积 1253.3 公顷；果树受灾面积 22 公顷，其他经济作物受灾面积 17.3 公顷；毁坏日光温室大棚 91 栋；冲毁道路 2.79 千米；损毁其他生产和公共设施 262 处。造成直接经济损失 1679 万元。8 月 10 日，全区普降大到暴雨，局地大暴雨，全区平均降水量 74.4 毫米，十渡站降水量最大为 162 毫米，史家营站降水量 124 毫米，蒲洼站降水量 120 毫米。十渡、蒲洼、张坊、史家营等 14 个乡镇遭受暴雨袭击，受到不同程度的损失。此次洪水造成农作物受损面积 390.7 公顷，其中粮食作物 313.3 公顷，蔬菜作物 40.3 公顷；大棚 88 栋。成鱼损失 7.5 万千克，柴鸡 2000 余只；房屋倒塌 132 间，墙院倒塌 1120 米。造成公路、水利等基础设施毁坏 30 千米；冲毁污水处理站 1 座；冲走原煤 228 吨；冲毁乡村两级道路 28 千米，山体滑坡、地堰坍塌 3385 处，土石方 7800 立方米；淹没石材加工厂 22 个；排泄沟护墙倒塌 2500 米，淹没饮水井 7 眼，水泵 8 台，毁坏管线 960 米，致使 969 人饮水困难。此次洪水造成直接经济损失 7878 万元。

第二节　旱　灾

房山区旱灾主要是由于干旱少雨致使山区和平原地区的农田发生旱灾，山区出现人畜饮水困难。

1992 年 1 月至 7 月中旬，全区累计降水量仅 125 毫米，这是自 1962 年（同期降雨 151 毫米）后的又一年干旱年，此次旱灾时间长，面积大，灾情严重。全区 32660 公顷粮食作物减产 3600 多万千克，其中山区 2000 公顷秋粮作物基本绝收；6730 公顷果园 293 万株果树出现早衰及大面积落果，减产近 700 万千克；部分企业因旱缺水而停产。由于持续干旱，造成山区泉水枯竭，平原地下水水位比 1991 年同期下降 1.09 米，河流流量锐减；山区 2715 个人畜饮水水窖 90% 干涸；54 座塘坝、截流蓄水不足，部分已干枯；3 座小型水库蓄水量不到 1991 年同期的一半，15 眼机井及大口井无法抽水。旱情极为严重的有 24 个村 7309 人，涉及十渡镇的六合、王老铺、栗元厂村；蒲洼乡的芦子水、蒲洼、鱼斗泉、议合村；佛子庄乡的山川村；霞云岭乡的大草岭、大地港、霞云岭、北直河、石板台村；史家营乡的青林台村等。村民要往返数里甚至十几里地背水吃。

1993 年，全区平均降水量 390.2 毫米，比 1992 年减少 42.4 毫米。十渡地区降水量最小，仅为 255.3 毫米，是降水量极少的一个年份。由于持续干旱，地下水水位急剧下降，全区 4041 眼农用机井有 350 眼干枯，735 眼出水量不足；山区 151 眼机井干枯 22 眼，65 眼出水不足；84 处开泉断流 43 处；2 座中型水库已连续两年没有蓄上水，崇青水库蓄水位已处于死水位以下，6 座小型水库仅 3 座有水，且蓄水量仅占总库容的 7.4%；54 座塘坝截流干枯 20 座；大石河连续两年未形成径流；拒马河沿岸 14 座水电站因水量不足发电量仅为常年的 15%。饮水困难村达到 73 个村、39785 人、1790 头大牲畜，其中东关上、王老铺、六合、五合等村最为严重，部分村村民昼夜排队等水，有的村还实行了定时限量供水。全区有3万余公顷耕地因干旱减产，其中300余公顷农田绝收，粮食损失1162万千克；干旱导致4000多株花椒树死亡，果树减产400多万千克；当年的荒山造林、蔬菜生产及部分企业也因干旱和缺水而受到程度不同的影响。针对出现的严重旱情，市、区政府高度重视。副市长段强及市有关部门领导分别于3月29日和4月5日到房山区查看灾情，慰问受灾群众。区政府采取了四大部门领导包乡，各委、办、局领导包村，乡领导包片，乡一般干部包户的办法。共投入资金260万元，为12个村的7746人、308头大牲畜解决了饮水困难；对208户807人实施了搬迁。

1994年1—5月降雨量偏少，加之1993年干旱的影响，旱情较为严重，全区4436眼机井干枯307眼，35处塘坝、截流干涸；崇青水库蓄水仅12万立方米；山区3997个小水窖有3650个蓄不上水，84处开泉断流65处；由于旱情严重，造成57个村、7596户、24897人、612头大牲畜饮水困难，其中有14个村、1150户、4500人吃水严重困难；新种植的3万亩果树苗没能及时浇水，已有5%抽条，20%死亡，全区11万亩春播地不能按时播种，有1.6万亩小麦不能适时灌溉。

1995年，全区平均降水626.6毫米。因降水不均，尤其是1—5月中旬，全区平均降水33.6毫米，造成干旱。84处开泉断流近一半，50座塘坝干涸21座，山区5座小水库仅蓄水180万立方米，全区河道只有拒马河和大石河上游有少量水，其余断流。全区3997个小水窖干枯500个；干旱造成19个村、3445户、10175人、149头大牲畜饮水困难，在7330多公顷的春播作物中，4667公顷因缺墒出苗不全。

1997年，受厄尔尼诺现象影响，房山区出现自1968年以来的特大干旱，1—9月，全区平均降水量310.5毫米，比多年平均降水量少310毫米。全区6座小型水库蓄水量不足140万立方米；84处开泉断流18处；50座塘坝干枯10座；4475眼机井有三分之一出水量不足；山区116眼大口井水位下降了2~5米；3997个小水窖中有50%贮水量不足一半。干旱使土壤严重失墒，秋粮作物成灾面积12600公顷，其中重灾面积2660公顷，绝收面积2000公顷，直接经济损失3822万元；林果受灾减产67.8万千克，直接经济损失104.7万元。山区有19个村、8254人、312头大牲畜出现程度不同的饮水困难。其中十渡镇的王老铺、栗元厂、六合村，大安山乡的宝地洼村，史家营乡的青林台、西岳台、金鸡台、大村涧村等共计10个村、1812人靠拉水吃。

1999年1—9月，全区平均降水量399.3毫米，比1998年同期降水量少284.8毫米。由于降水偏少，185处开泉有55处断流，200座塘坝有85座干枯，5000多个小水窖贮水量不足一半；全区4540眼机井有155眼出水不足，山区146眼大口井地下水水位下降达3米左右。持续高温和干旱，造成24300公顷秋粮作物受灾，其中绝收2300公顷，粮食损失 7000 万千克；7460 公顷果树减产 800 万千克；直接经济损失 1500 万元。山区有 3 个乡镇 12 个村、938 户、3527 人饮水出现严重困难，其中有 4 个村村民需到十几里地以外拉水。

2003 年 1—9 月，全区累计降水量仅 415.8 毫米。由于降水偏少，平原区地下水水位较常年平均地下水水位下降 2.9 米；崇青水库蓄水量仅 125 万立方米，比 2002 年同期减少 190 万立方米；山区多处大口井干枯，小水窖、小塘坝、小截流等 8000 多个蓄水设施蓄水量不足一半。持续干旱造成山区佛子庄乡、大安山乡、霞云岭乡、蒲洼乡、南窖乡、史家营乡农作物受旱灾面积 9847 公顷，

图 2-2　2003 年 1 月周口店镇车厂村村民取水

有 9187 人、178 头大牲畜出现不同程度的饮水困难。

2006 年 1—4 月，全区降水累计平均仅为 3.7 毫米，全区蓄水设施蓄水量 827.8 万立方米，仅为占蓄水能力的 13.4%；全区 6696 处小蓄水池、小水窖已干涸五分之四；大部分山泉断流。持续干旱造成农作物受灾面积 446.7 公顷，全区 8 个乡镇、16 个村、2175 户、5807 人出现不同程度的饮水困难。

第三节　其他灾害

冰雹灾害　冰雹灾害是房山区夏季易发生的主要灾害之一。受灾程度与雹粒大小、降雹密度、持续时间及伴随的大风风速有密切的关系，又与不同地区的农作物结构及产量有关。房山区境内降雹一般持续时间较短，多为无灾雹灾，持续时间较长的降雹就会造成较为严重的灾害。

1993 年 6 月 14 日，周口店地区办事处、长沟镇、岳各庄乡境内出现降雹，每平方米雹粒 250 粒，冰雹粒径 2～40 毫米，降雹历时 5～10 分钟。27 个村 1333.3 公顷小麦减产 77 万千克；柿子、苹果、梨等 11 万株果树受灾，柿子减产 88 万千克。

1995 年 5 月 16 日，大风加冰雹袭击了坨里、沙窝、大苑 3 个村，阵风 5～6 级，冰雹粒径 6～7 毫米，持续时间 3～5 分钟，3 个村 133.3 公顷小麦受灾，折合经济损失 1.5 万元。6 月 22 日，十渡、张坊、南窖、佛子庄、河北、长阳、窑上、窦店、葫芦垡、

南召、官道等乡镇遭到冰雹，冰雹粒径 5～50 毫米，持续时间 15 分钟，地面最大厚度达 300 毫米，农作物受灾面积 2081.3 公顷，蔬菜受灾 392 公顷，果类受灾 1743 公顷，经济作物受灾 106.7 公顷，折合经济损失 2424.5 万元。

1996 年 7 月 23 日 19—20 时，张坊镇大峪沟、片上、东关上、三合庄、瓦沟、千河口、穆家口等村遭到冰雹，冰雹粒径 20～30 毫米，每平方米雹粒 20 多粒，造成 466.7 公顷玉米倒伏，10 万棵柿子树落叶折枝，折合经济损失 2000 余万元。

2000 年 6 月 29 日，周口店、佛子庄、蒲洼、南窖、大安山、霞云岭 6 个乡镇 52 个村遭受冰雹袭击，同时伴有暴雨和大风，冰雹粒径为 20～40 毫米，持续时间最长为 1 小时。粮食作物受灾面积 700 公顷、果树受灾面积 667 余公顷，直接经济损失 628.5 万元。

2003 年 5 月 22 日 21 时 59 分，位于拒马河流域的十渡、张坊、大石窝 3 个乡镇突降暴雨，平均降水量 51 毫米，最大降水量达 80 毫米，并伴有大风和冰雹，局部瞬时风力达到 6～7 级，每平方米雹粒 200～340 粒，冰雹粒径达 10～30 毫米，持续时间 15～20 分钟。3 个乡镇 42 个村因遭受暴雨和冰雹的袭击出现灾情，其中 27 个村受灾严重。小麦受损失面积 533.3 公顷，近 333 公顷倒伏；玉米、蔬菜等受损失面积 360 公顷，柿子等果树有 30％果枝折损、叶片受伤，其中一半幼果脱落；总计损失达 1500 余万元。暴雨造成的山洪冲毁道路 26 处、堤堰 43 处、房屋 228 间、羊舍 5 处，淹死丢失羊只 14 只，冰雹砸伤羊只 512 只。

2007 年 6 月 27 日 13 时，长阳、琉璃河、石楼等乡镇遭受暴风雨、冰雹袭击，冰雹直径 15 毫米，致使粮食作物受灾面积 233 公顷，果树面积 262 公顷，蔬菜近 4 公顷，大棚损坏 42 栋，受灾户达 2980 户 7467 人，直接经济损失 609.67 万元。

2008 年 6 月 23 日 14 时 30 分，长阳、良乡、拱辰、窦店、琉璃河等乡镇因短时暴雨冰雹的袭击，造成农作物受损，面积达 3140 公顷。其中果树 1951 公顷、西瓜 113 公顷、粮食作物 627 公顷，折合经济损失 1.84 亿元。

泥石流　房山地区的泥石流灾害多发生在山区泥石流易发区，主要分布在大石河流域的霞云岭乡、大安山乡、史家营乡、南窖乡、佛子庄乡、河北镇，以及拒马河流域的蒲洼乡、十渡镇和张坊镇。发生泥石流灾害多为局部泥石流。

1995 年 7 月 29 日，蒲洼乡境内 4 小时降雨量达 90 毫米，大雨引发的泥石流，造成蒲洼乡 8 个村共冲毁房屋 129 间，冲毁粮田 984 亩、果树 1100 株，冲毁谷坊坝 36 道，倒塌房屋 9 间。

2005 年 7 月 23 日，韩村河镇孤山口村发生暴雨，山体滑坡造成村民房屋倒塌、两名儿童死亡。

2007年7月14日，史家营乡突降暴雨，降水量达119毫米，其中13时至14时降水强度达58毫米，14时青林台村五大堰处发生山体滑坡，方量约40立方米。7月15日凌晨，该地段再次发生大面积滑坡，方量约2000立方米。8月1日，张坊站降水量达123毫米，张坊镇张坊村、史各庄村、大峪沟等6个村，毁坏房屋27间，出现不同程度的滑坡，方量为2300立方米。

第二章　防汛抗旱

房山区防汛抗旱工作始终贯彻执行"预防为主、防重于抢"的方针，采用工程措施和非工程措施相结合的方法，从组织机构、物资准备、水文通信等方面对防汛抗旱工作给予保障。防汛抗旱全面实行行政首长负责制，岗位责任制，分级分部门负责；按照属地管理、专业处置与社会动员相结合，通过完善防汛抗旱组织体系，加强防汛抢险队伍与物资储备管理，提高防汛信息化水平，为安全度汛提供保障。

1991年以后，房山区贯彻"安全第一，常备不懈，以防为主，全力抢险"的度汛方针，始终坚持以人为本，以保障人民生命财产安全为目标，成立区防汛抗旱指挥部、各防汛抗旱分指挥部和乡镇防汛抗旱指挥部，制定完善各项洪水调度和防汛抢险预案，组建应急抢险队伍，储备必要的防汛物资，建立健全机制，落实防汛责任制，针对平原区和山区的防汛特点，分别采取相应防汛应对措施。

2009年，在房山区北部山区6个乡镇实施山洪灾害防治试点。通过建设监测预警系统、完善防汛预案、强化群测群防体系、宣传防治知识、提高全民防灾避灾意识等非工程措施，进一步整合房山区防汛指挥调度系统的通信、数据及网络资源，完善区、镇、行政村（自然片）和群众四级管理体系，建立上下联动、实时调度的通信、监测、预警、应急指挥等设施系统，为山洪泥石流灾害的监测、预警及指挥提供保障手段。

第一节　指挥机构

房山区防汛抗旱指挥机构始建于1961年。1991—2010年，成立房山区防汛抗旱指挥部，是负责全区防汛抗旱工作的最高指挥机构，并服从北京市防汛抗旱指挥部领导。指挥部由政委、指挥、副指挥、成员组成，政委由历任区委书记担任，指挥由历任区长担任，指挥部成员由区委、区政府领导和相关委办局、驻区部队及相关企事业单位的主要领导组成。房山区防汛抗旱指挥部下设办公室作为其办事机构，设在区水行政主管部门，办公室主任由区水行政主管部门负责人兼任，完成防汛抗旱日常工作。

　　房山区防汛抗旱指挥部根据每年防汛工作重点，在流域、地域和重点区域设有防汛抗旱分指挥部。各防汛抗旱分指挥部的指挥由区防汛抗旱指挥部的副指挥或领导成员担任，并明确防汛责任，由防汛责任段的属地镇政府、区直单位、企事业单位、驻区部队参与完成各分指挥部的防汛抗旱工作。1991—1993 年，区防

图 2-3　2010 年全区防汛抗旱工作会现场

汛抗旱指挥部下设 10 个分指挥部；1994—1997 年区防汛抗旱指挥部下设 11 个分指挥部，增加北部山区和十渡片防汛抗旱分指挥部，同时取消了丁家洼水库防汛抗旱分指挥部；1998 年区防汛抗旱指挥部下设 12 个分指挥部，增加人防工事防汛抗旱分指挥部；1999—2010 年区防汛抗旱指挥部下设 13 个分指挥部，增加文教卫防汛抗旱分指挥部。同时在各乡镇人民政府建立各乡镇防汛抗旱指挥机构，由乡镇主要领导任指挥，负责房山区域内的防汛抢险工作；在相关委办局、企事业单位设有防汛抗旱领导小组，负责本部门本系统防汛安全。

　　2006 年 10 月开始，房山区突发公共事件应急委员会下设区防汛抗旱应急指挥部，挂靠在区防汛抗旱指挥部，负责指挥全区暴雨洪水、泥石流灾害等防汛突发公共事件的应急调度抢险、救灾组织协调工作。

1991—2010 年房山区防汛抗旱指挥部主要负责人一览表

表 2-1

年份	主要负责人		年份	主要负责人	
	政委	指挥		政委	指挥
1991		李庆余	2001	王凤江	杨德宏
1992		李庆余	2002	杨德宏	张效廉
1993		李庆余	2003	杨德宏	张效廉
1994	李庆余	焦志忠	2004	聂玉藻	张效廉

续表 2-1

年份	主要负责人		年份	主要负责人	
	政委	指挥		政委	指挥
1995	李庆余	焦志忠	2005	聂玉藻	祁　红
1996	李庆余	焦志忠	2006	聂玉藻	祁　红
1997	李庆余	焦志忠	2007	聂玉藻	祁　红
1998	单霁翔	王凤江	2008	聂玉藻	祁　红
1999	单霁翔	王凤江	2009	刘　伟	祁　红
2000	王凤江	杨德宏	2010	刘　伟	祁　红

说明：1991—1933 年，房山区防汛抗旱指挥部未设置政委

1991—2010 年房山区防汛抗旱分指挥部设置一览表

表 2-2

年度	分指挥部个数（个）	分指挥部名称
1991—1993	10	设有永定河、大石河、拒马河、小清河分洪区、崇青水库、天开水库、丁家洼水库、房山地区、良乡地区、燕山地区
1994—1997	11	设有永定河、大石河、拒马河、小清河分洪区、崇青水库、天开水库、北部山区、十渡片、房山地区、良乡地区、燕山地区
1998	12	设有永定河、大石河、拒马河、小清河分洪区、崇青水库、天开水库、北部山区、十渡片、房山地区、良乡地区、燕山地区、人防工事
1999—2010	13	设有永定河、大石河、拒马河、小清河分洪区、崇青水库、天开水库、北部山区、十渡片、房山地区、良乡地区、燕山地区、人防工事、文教卫

2010 年房山区各级防汛部门职责分工一览表

表 2-3

防汛组织机构	主要职责
永定河防汛抗旱分指挥部	指挥协调、安排部署河道的安全迎汛工作；按照属地负责原则制定管辖河道安全迎汛责任制，落实责任单位和责任人；对本流域防汛重点地段，制定防汛应急预案，落实抢险责任段；组建应急抢险队伍
大石河防汛抗旱分指挥部	
拒马河防汛抗旱分指挥部	

续表2-3

防汛组织机构	主要职责
小清河分洪区防汛抗旱分指挥部	指挥协调、安排部署小清河分洪区群众安全避险转移安全工作；落实责任单位和责任人，制定群众避险转移预案，落实应急抢险队伍
崇青水库防汛抗旱分指挥部	指挥协调、安排部署崇青水库、天开水库安全迎汛工作；按照属地负责原则制定管辖河道安全迎汛责任制，落实责任单位和责任人；对本流域防汛重点地段、危险部位，制定防汛应急预案，落实抢险责任段；组建应急抢险队伍
天开水库防汛抗旱分指挥部	
北部山区防汛抗旱分指挥部	指挥协调、安排部署十渡片、北部山区安全迎汛工作；按照属地负责原则制定山洪灾害防御安全迎汛责任制，落实责任单位和责任人；对房山区域山洪灾害防汛重点地段、危险部位，落实群众避险转移防御预案，确保群众安全避险转移
十渡片防汛抗旱分指挥部	
房山地区防汛分指挥部	指挥协调、安排部署房山区域的安全迎汛工作；按照属地负责原则制定房山区域安全迎汛责任制，落实责任单位和责任人；对房山区域防汛重点积滞水点、危险部位，制定防汛应急预案，确保城市运行安全
良乡地区防汛分指挥部	
燕山地区防汛分指挥部	
人防工事防汛抗旱分指挥部	指挥协调、安排部署人防工事的安全迎汛工作；按照属地负责原则制定人防工事安全迎汛责任制，落实责任单位和责任人，切实做好人防工事的汛期运行安全
文教卫防汛抗旱分指挥部	指挥协调、安排部署文教卫系统的安全迎汛工作；按照属地负责原则制定本系统的安全迎汛责任制，落实责任单位和责任人，明确防汛重点部位，确保汛期的防汛安全
各乡镇（街道办事处）防汛抗旱指挥部	各乡镇人民政府对所辖区域内的安全迎汛工作负总责。负责辖区内防洪排水抢险工作；保证辖区内危旧平房区，山区泥石流易发区、采空区（采矿区），中小水库、塘坝、小河道，蓄滞洪区群众安全避险转移；保证属地范围内生产、生活正常秩序，做好抢险、抢修、救灾等安全度汛保障工作；加强辖区各单位、群众的避险自救知识宣传，提高自我保护能力
各部门、企事业单位防汛抗旱组织	根据各级防汛指挥部门下达的防汛任务和职责，做好本系统、本部门安全度汛工作

第二节　重点工程防洪调度

水库、塘坝　1991—2010 年，房山区水库、塘坝防洪调度原则基本没有变化，防洪调度原则是崇青水库、丁家洼水库有控制性工程的，按照汛期洪水调度控制要求进行防洪调度；其余水库、塘坝等没有控制性工程的，按照各自的防洪调度原则进行控制。

崇青水库　崇青水库防洪标准按 100 年一遇洪水设计，设计洪水位 75.15 米，相应库容 2132 万立方米；水库按 1000 年一遇洪水校核，校核洪水位 77.15 米，相应库容 2900 万立方米。

崇青水库汛期洪水调度控制指标：6 月 1 日至 8 月 15 日，水库汛限水位为 71 米，库容 811 万立方米；8 月 16 日至 8 月 31 日，水库汛限水位为 71.5 米，库容 922 万立方米；9 月 1 日至 9 月 15 日，水库汛限水位为 73 米，库容 1330 万立方米。

当水库上游出现 20 年一遇洪水且水势上涨时（入库流量 620 立方米每秒，库水位 73.24 米，洪水总量 1660.4 万立方米），控制最大下泄流量 177 立方米每秒；当水库上游出现 50 年一遇洪水且水势上涨时（入库流量 835 立方米每秒，库水位 74.04 米，洪水总量 2278.9 万立方米），控制最大下泄流量 280 立方米每秒；当水库上游出现 100 年一遇洪水且水势上涨时（入库流量 864 立方米每秒，库水位 74.56 米，洪水总量 2710 万立方米），控制最大下泄流量 312 立方米每秒；当水库上游出现 1000 年一遇洪水且水势上涨时（入库流量 1300 立方米每秒，洪水总量 4270 万立方米），控制最大下泄流量 492 立方米每秒；遇大于千年一遇洪水时，开启溢洪道闸门实行敞泄，最大下泄流量 656 立方米每秒。当水库入库流量达到 1300 立方米每秒，且根据天气情况未来仍将有大规模降雨时，扒开非常溢洪道（青龙头副坝）泄流。

天开水库　天开水库防洪标准按 100 年一遇洪水设计，设计洪水位 92.35 米；按 1000 年一遇洪水校核，校核洪水位 92.7 米。

天开水库汛期控制运用指标：主坝坐落在石灰岩上，副坝坐落在古河床上，坝基和库区均严重渗漏，不能正常蓄水，为确保水库工程和下游人民生命财产的安全，水库汛期空库迎汛，水库汛限水位为 75.36 米（放水洞底高程）。

当水库上游出现 20 年一遇洪水，且水势上涨时（入库流量 365 立方米每秒，水位 89.5 米，洪水总量 776 万立方米），最大下泄流量 145 立方米每秒；当水库上游出现

100年一遇洪水，且水势上涨时（入库流量532立方米每秒，水位92.35米，洪水总量1220万立方米），最大下泄流量270立方米每秒。

丁家洼水库　丁家洼水库防洪标准按30年一遇洪水设计，设计洪水位为63.9米；按500年一遇洪水校核，校核洪水位为65.06米。

丁家洼水库洪水调度措施为正常溢洪道敞泄度汛，水库汛限水位为溢洪道底高程61.45米，入汛后水位控制在溢洪道底高程以下。

其他小型水库及塘坝　鸽子台水库、西太平水库、龙门口水库、水峪水库和大窖水库无调蓄设施，汛期水位可控制在水库溢流堰堰顶高程以下；超过此水位时，由堰顶溢流下泄；遇有特殊雨情，可提前由放水管泄洪至空库。塘坝汛期加强巡视检查，根据工程运行情况进行蓄滞洪水。

河道　房山区大石河、拒马河等主要河道上游均无控制性水库工程，其防洪调度主要依据现有堤防标准、上游河道水文站的实测洪峰流量，分段安排河道防洪抢险及群众避险转移。

永定河右堤　防洪标准为50年一遇洪水（2500立方米每秒），根据永定河现有堤防标准、河道行洪能力、雁翅水文站实测洪峰流量及永定河拦洪闸的运用情况，当永定河发生标准内以下洪水时，房山区永定河防汛分指挥部做好永定河右堤房山段的堤防抢险工作；当永定河发生超标准洪水时，房山区永定河分指挥部听从永定河防汛抗旱指挥部总体调度，按统一要求实施防洪抢险和洪水调度。

大石河流域　大石河下游堤防防洪标准为20年一遇洪水（2100立方米每秒），其防洪调度是根据大石河现有堤防标准、河道行洪能力及漫水河水文站的实测水位和洪峰流量。当大石河发生标准以下洪水时，洪水调度权限归房山区大石河防汛抗旱分指挥部；当大石河出现超标准洪水时，大石河防汛抗旱分指挥部洪水调度服从区防汛抗旱指挥部命令。

拒马河流域　拒马河防洪调度是根据拒马河现有堤防标准、河道行洪能力及河北省紫荆关水文站、张坊水文站的实测水位和洪峰流量。当拒马河发生标准以下洪水时，洪水调度权限归房山区拒马河防汛抗旱分指挥部和十渡片防汛抗旱分指挥部；当拒马河出现超标准洪水时，拒马河防汛抗旱分指挥部洪水调度服从区防汛抗旱指挥部命令。

小清河流域　小清河防洪调度是根据小清河现有堤防标准、河道行洪能力，当小清河发生标准以下洪水时，洪水调度权限归房山区小清河分洪区防汛抗旱分指挥部；当小清河出现超标准洪水时，洪水调度服从市、区防汛抗旱指挥部命令。小清河分洪区启用后，房山区小清河分洪区防汛抗旱分指挥部负责小清河分洪区淹没区内村庄的人员转移、人员安置等。

第三节　防汛抗旱预案

房山区防汛抗旱预案主要针对房山区防汛工作要点，按照重点部位、重点区域进行编制，每年汛期进行预案的修订完善，主要包括河道防御洪水预案、水库洪水调度预案、山洪泥石流防御预案、小清河分洪区群众防洪避险预案。2007 年，根据区应急委的统一部署，按照《北京市房山区突发公共事件总体应急预案》的要求，区防汛办完成了《房山区防汛应急预案》的编制工作并报区应急办批准正式实施。

河道防御洪水预案　房山区河道预案主要包括境内拒马河、大石河、小清河、刺猬河等主要河道的防御洪水预案和洪水调度方案。当河道洪水位达到并有超过设计水位趋势时，各级指挥部按照防汛责任段做好抢险准备，特别对河道险工险段部位进行重点巡查看守；当河道洪水位达到设计防洪标准及以上时，根据防洪调度和抢险预案，各级防汛指挥部门按照防汛责任段做好防汛抢险工作。

水库洪水调度预案　房山区水库洪水调度预案包括洪水调度方案和防洪抢险预案两部分。崇青、天开、丁家洼等中小型水库工程实施防洪调度预案管理，汛期按照洪水调度方案实施洪水调度。在汛期，水库按批准的汛期限制水位（以下简称"汛限水位"）蓄水，每年 6 月 1 日以前，把库水位降到汛限水位以下，并将汛情划分几个阶段的调节水位作为实施洪水调度的依据，在防洪安全的前提下，达到尽量多蓄水的目的。

山洪泥石流防御预案　房山区境内的泥石流沟道主要分布在史家营、大安山、蒲洼、霞云岭、南窖、佛子庄、河北、周口店、青龙湖、韩村河、十渡、张坊 12 个乡镇的 105 个村庄。按照北京市制订的泥石流易发区农户搬迁计划，房山区逐年组织实施险户搬迁，对于尚未搬迁和未列入搬迁计划的地区，制定人员安全转移避险预案，落实"四包七落实"（区县干部包乡镇、乡镇干部包村、村干部包户、党员包群众；落实转移地点、转移路线、抢险队伍、报警人员、报警信号、避险设施、老弱病残提前转移措施）责任制，并定期组织避险转移演练，让群众熟悉防御预案，提高避险自救、互救能力。

小清河分洪区群众防洪避险预案　为落实永定河防御洪水方案，保证蓄滞洪工程的正常运用，市防汛抗旱指挥部办公室编制了《北京市小清河分洪区运用预案》，房山区为落实北京市小清河分洪区运用预案，保障小清河分洪区内群众的生命财产安全，编制了《房山区小清河分洪区群众防洪避险预案》，针对小清河分洪区运用后淹没水深在 0.5 米以上的村庄的人员转移、灾后人员安置等内容进行了明确规定，确保小清河分洪区内的人员安全和及时转移，将各种损失尽力减小到最低。

防汛应急预案 2007年3月29日，经房山区突发公共事件应急委员会批准发布《房山区防汛应急预案》（房应急委发〔2007〕1号）。房山区防汛抗旱指挥部办公室每年按照北京市防汛抗旱工作部署和突发事件应急工作要求，修订房山区防汛应急预案，经房山区突发公共事件应急委员会批准，报北京市防汛抗旱指挥部办公室备案。防汛应急预案从应急指挥体系、预报预警、防汛突发事件分级与应急响应、善后处置、信息管理、保障措施、宣传教育与培训等方面均进行了规范。汛期预警由区防汛应急指挥部负责发布，由低到高分为蓝色、黄色、橙色、红色四级。防汛突发事件按事态复杂程度、影响范围大小和可能造成灾害轻重等情况，分为一般（IV级）、较大（III级）、重大（II级）和特大（I级）防汛突发事件。

抗旱应急预案 1990—2000年，根据全区旱情发展，重点围绕农业灌溉和人畜饮水部署抗旱工作，包括安排抗旱资金、建立区镇村三级抗旱服务队、开展墒情监测、加强灌溉管理等措施。2001—2005年，按照全市防汛抗旱工作要求，区防汛抗旱指挥部办公室负责编制全区年度抗旱预案，经房山区政府批准，报市防汛抗旱指挥部备案后执行。2006—2010年，改为编制抗旱应急预案，根据干旱缺水预测，按照一般干旱、较重干旱、严重干旱、特大干旱4个级别进行旱情预警，各级防汛抗旱指挥机构依据职责和程序启动相应级别应急响应，包括落实抗旱责任制、物资储备调运、抗旱服务，采取开源节流、雨洪利用和应急供水配置等措施，确保城乡居民生活和社会稳定。

第四节　物资储备及抢险队伍

物资储备 1990年以前，房山区防汛物资储备按照分级储备、分级管理、分级负责的原则，区水利局、相关部门单位和各乡镇每年均储备一定数量的防汛抢险物资。1991—2010年，防汛物资储备体系基本保持不变，房山区防汛抗旱指挥部办公室按照年度抢险任务制定物资储备计划，分别由区防汛抗旱指挥部办公室直属储备库和相关部门代储防汛物资。

房山区防汛抗旱指挥部在小清河分洪区修建物资储备库2座，建筑面积1500平方米，分别是崇青水库管理所和区水务局物资站。储存的防汛物资主要包括编织袋、无纺布、尼龙绳、帐篷、冲锋舟、救生衣、应急灯、警报器等防汛抢险物资。储备的救生物资有各类救生船31条、救生衣12200件、帐篷1925平方米、编织袋22000条等。

房山区防汛抗旱指挥部委托区国资委、区商委、区供销总社、北京京房国鑫物资有限责任公司等部门作为代储单位，落实防汛物资储备，包括木桩、编织袋、铁锹、麻袋、铅丝、苫布（或苇席）、手电、电池等物资。防汛物资有专存地点，专人负责保管，遇有险情保证区防汛抗旱指挥部随时调用。抢险物资运输车辆由区交通局、房山交通支队牵头负责。

根据重点河道、水库防汛抢险需要，在永定河房山段、崇青水库、天开水库建立了自备物资库，用于存放一定量的常备物资，以备抢险急用。物资品种增加了冲锋舟、拖挂式发电机、排污泵、铅丝笼、块石等，并增建了专用物资储备库，由专人看管调度。此外各分指挥部和各镇结合防汛抢险任务，也储备了一定数量防汛物资，包括编织袋、铁锹、抽水泵、发电机、柴油等。

1998年，长江、松花江流域发生特大洪水。按照北京市防汛抗旱指挥部统一调度，8月18日，房山区防汛抗旱指挥部办公室、区武装部组织驻区部队调送90万条编织袋等防汛物资，支援哈尔滨市抗洪抢险。

2010年，区防汛部门储备的物资包括冲锋舟27艘、救生衣1.514万件、草袋3.012万条、编织袋12.546万条、铅丝20.875吨、块石6654.6吨、铁锹4192把、警报器29个、发电机29台等。

抢险队伍　房山区的防汛抢险队主要包括驻军抢险队、乡镇抢险队和企业抢险队。2004年，区防汛抗旱指挥部成立区级专业抢险队，按照指挥部指令进行专业防汛抢险。

房山区各级防汛组织按照防汛任务和责任制，分别组建抢险队伍，各防汛抗旱分指挥部成员单位相应成立抢险队伍，按照防汛预案及分指挥部的指令要求，及时到达抢险地点，进行防汛抢险。

房山区各级抢险队伍，在没有大的汛情时，分别都有各自抢险任务段；遇有大的汛情时，由区防汛抗旱指挥部统一调动。汛前各级抢险队按照防汛责任分别开展现场模拟演练，做好实战准备。各乡镇、办事处分别组建防汛抢险队，除了满足所在分指挥部防汛抢险要求外，还负责各自辖区内各村及重点区域的防汛抢险任务。

第五节　汛情测报与通信系统

汛情测报　汛情测报在20世纪90年代前期，雨水情和工情观测采用人工观测方式。1996年以前，全区降水观测站网，测站主要布设在乡镇政府及重点河道水库管理单位，降水观测采用人工观测记录，通过有线电话进行汛情信息报送到区防汛抗旱指挥部办公室。区防汛抗旱指挥部办公室负责全区各站数据汇总，对纳入市级站网的测站数据，及时发报电传给市防汛抗旱指挥部办公室。

1997 年，建成全区雨情自动遥测系统。系统中心站设在房山区防汛抗旱指挥部办公室，在乡镇政府及重点河道水库管理单位布设观测点 22 个（同时进行人工观测）。雨量遥测站以自报式为主，实现雨情数据自动采集、自动发送，数据自动进入计算机数据库，通过中心站设备查询全区降水情况或各测站降水历史数据，提高了汛情测报水平，初步实现雨情信息自动化。

2000 年，房山区防汛抗旱指挥部办公室配备防汛专用计算机，通过电话线，利用公共交换电话网络和综合业务数字网，将房山区的雨情信息及时上传到市人民政府防汛抗旱指挥部办公室水情中心，实现了计算机网络报汛，逐渐不再以发报形式报出。

2001 年，市防汛办启用语音报汛，为水情信息传输提供了新的通道，弥补了撤销电报报汛后单靠计算机网络报汛的不足。

2007 年 3 月 10 日，对雨量遥测系统升级改造，系统包括 22 个雨量监测站点、1 个中继站和 1 个中心站。系统的通信方式升级为无线电超短波通信，更换雨量监测设备，升级雨量遥测系统，通信组网方式保持不变。14 个市级雨量监测站通过百花山中继站向市防汛办和区防汛抗旱指挥部办公室进行雨情信息传递，8 个区级雨量监测站直接向区防汛抗旱指挥部办公室进行雨情信息传递。2007 年 4 月 20 日，系统建设完成并投入运行，总投资 43 万元。

至 2010 年，各测站雨量数据在使用遥测系统自动采集传输的同时，仍然保留人工测报方式，与机报数据相互校核，提高数据准确性。

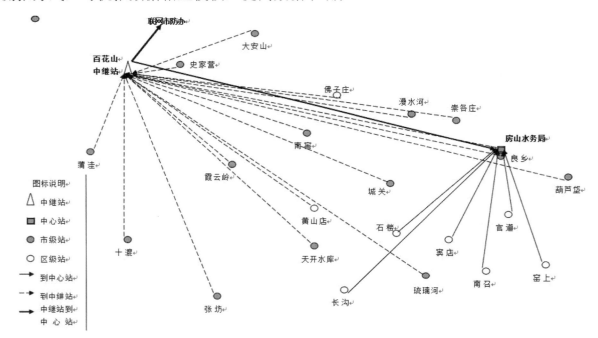

图 2-4　房山区雨量遥测系统组成及通信组网图

通信系统　20世纪50年代末至1979年以前，房山区防汛抗旱通信网络系统主要通过电话进行通信联络和汛情报送。

1979年，在小清河分洪区的5个乡镇（长阳、交道、南召、窑上、官道）和崇青水库、天开水库及永定河办事处建立了301电台的通信系统。使防汛通信联络、报汛方式有了较大改进。

1984年，对原有通信系统升级改造，小清河分洪内的7个乡镇（长阳、良乡、交道、琉璃河、南召、窑上、官道）和永定河办事处、崇青水库、天开水库及漫水河水文站安装了400兆单功电台，同时安装了车载电台和手持对讲机，移动通信基本形成。

1989年，在各乡镇安装了150兆单功电台通信系统。截至1990年，房山区防汛通信系统主要有有线电话、小清河分洪区400兆、全区各乡镇间150兆的电台通信系统，基本实现了有线、无线双保险通信。至此，房山区防汛抗旱通信网络系统基本实现了无线电台和电话两套通信系统。

2004年，市防汛抗旱指挥部建立全市800兆政务防汛专网，为房山区防汛抗旱指挥部办公室安装800兆集群防汛专用电台1部，遇紧急情况时，市防汛抗旱指挥部通过800兆集群电台与房山区防汛抗旱指挥部办公室进行联络，保证信息及时有效上传下达。

2006年11月1日，开始建设房山区泥石流险村预警通信系统。在房山区北部山区6个乡镇30个险村安装400兆通信电台设备、天线及避雷接地工程。系统建成后，30个险村增加了通信电台预警设施，完善了应急通信手段，为灾情提前预警和及时抢险救灾提供保障，在北部山区山洪泥石流防御工作中发挥了重要作用。2007年3月30日完成设备的安装、调试，并投入运行。该系统建设投资为29万元。

2008年，市防汛抗旱指挥部建设小清河分洪区通信预警及信息反馈系统，解决小清河分洪区存在的通信预警问题，提高通信预警的时效性、快速性。系统主要包括房山区小清河分洪区传真群发系统1套、无线广播预警设备22套、手摇报警器59个等，提高了小清河分洪区防汛避险的通信和预警能力。

至2010年年底，房山区通信系统基本上维持有线电话、小清河分洪区400兆电台、全区各乡镇间150兆的电台通信系统，与市防汛抗旱指挥部通过800兆无线政务防汛专网和VOIP电话系统进行联络。

第六节　山洪灾害防治试点

2007年，房山区作为全国山洪灾害防治试点县之一，开始编制房山区山洪灾害防治试点实施方案，从雨量监测、预警系统、信息平台、预案编制、责任制体系、宣传培训等非工程措施方面，为全国山洪灾害防治规划实施积累经验。

2009年7月23日，由房山区水务局、房山区财政局、房山国土分局、房山区气象局和试点建设乡镇组成房山区山洪灾害防治试点工作小组。2009年10月27日，市防汛抗旱指挥部办公室审批通过《房山区山洪灾害防治试点工作实施方案》，选择房山区北部山区大石河流域上游的大安山乡、史家营乡、霞云岭乡、佛子庄乡、南窖乡和河北镇6

图2-5 2010年南窖乡水峪村山洪灾害防御知识宣传

个乡镇作为试点区域，试点区域面积共647平方千米，属于泥石流高度危险区。

2009年10月30日，开始实施房山区山洪灾害防治试点建设项目。山洪灾害防治试点建设主要包括监测预警系统平台开发建设、雨水情监测系统建设、预警系统建设、预案编制、宣传、培训、演练等。监测预警系统平台建设主要包括山洪灾害监测预警应用软件开发、计算机网络设备购置集成两部分。雨水情监测系统建设包括自动雨量监测站11个、自动水位观测站3个、试点6个乡镇80个行政村安装简易雨量监测站、试点6个乡镇的26个塘坝配备简易水位观测设备。预警系统建设主要是在区、乡镇、村配备各类预警设备。区级预警设备主要在区防

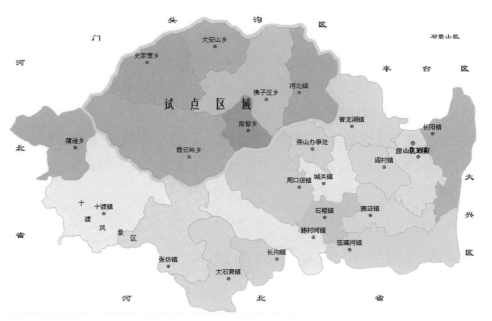

图2-6 房山区山洪灾害防治试点位置图

汛抗旱指挥部、各乡镇发放传真机，完成短信预警发布设备、电话传真预警发布设备的安装和调试工作；村级预警设备主要建设无线广播预警系统和超短波通信电台，发放手摇报警器，并对乡镇、村预警发布人员进行设备日常维护的培训。2010 年 4 月 30 日完成系统平台开发建设和设备的安装、调试，并投入运行。该建设项目批复资金 326.87 万元，其中国家补助资金 150 万元、北京市配套资金 176.87 万元。

第七节　小清河分洪区

小清河分洪区地处大清河系北支中上游，跨京、冀两省（市），总面积 335 平方千米，其中房山区面积约 227 平方千米。涉及房山新城良乡组团、5 个乡镇 42 个行政村。

小清河分洪区位于大宁水库以下，北起大宁水库、南至古城小垱和小营横堤、房山区京广铁路及京石高速公路以东、永定河右堤以西。区内地势西北高、东南低。包括北拒马河永乐铁路桥以东的向阳村卡口段以下左右岸的涿同套和刁窝套，历来是拒马河、大石河、小清河三河洪水以及永定河分洪洪水汇聚缓洪的地区，由古城小垱及小营横堤约束引导进入白沟河。

小清河分洪区是海河流域防洪体系重要组成部分，是防御永定河超标准洪水，保护北京及河北部分地区免受洪水威胁的重要措施。根据国家防总对永定河"突出重点、牺牲局部、保护全局"的防汛原则，1985 年，国务院将小清河分洪区纳入海河流域规划；1987 年，海河水利委员会将其确定为永定河的分洪区。永定河防汛调度方案为卢沟桥以下河道安全下泄量为 2500 立方米每秒，上游来水超过 2500 立方米每秒时，多余水量通过大宁水库调蓄后向小清河分洪。

永定河滞洪水库 2003 年 12 月建成后，防汛调度运用方案发生变化。永定河上游遇 100 年一遇洪水时，永定河滞洪水库与大宁水库联合调蓄永定河官厅山峡洪水，卢沟桥以下河道防洪标准由 50 年一遇提高到 100 年一遇，经大宁水库向小清河分洪的流量由 1800 立方米每秒减至 214 立方米每秒，分洪区范围重新划定，减免了小清河分洪区的淹没损失，为良乡新城的建设创造了条件。

从 2002 年开始，房山区水务局委托中水北方勘测设计研究有限责任公司对小清河分洪区重新进行洪水演进分析。2004 年 4 月，《小清河行洪区洪水演进分析报告》通过水利部海河水利委员会审查，并在此基础上，2005 年编制完成了《北京市小清河分洪区建设规划报告》，规划进一步明确小清河分洪区新的管理范围和可新增规划建设用地范围，以便采取必要的措施，满足当地社会经济发展需求。《北京市小清河分洪区建设规划报告》在 2006 年 1 月通过水利部水利水电规划设计总院的审查，并纳入海河流域蓄滞洪区建设与管理规划，为房山区东部地区发展奠定了基础。

工程治理规划　小清河分洪区治理标准为 50 年一遇，其洪水组合为小清河 50 年一遇+永定河 100 年一遇。小清河干流右堤按 50 年一遇标准治理，小清河干流刺猬河汇流口以下设计行洪流量 500 立方米每秒，小清河哑叭河—刺猬河段设计行洪流量 560 立方米每秒，小清河哑叭河汇流口以上设计行洪流量 210 立方米每秒。小清河干流左堤按 20 年一遇标准治理，小清河干流刺猬河汇流口以下设计行洪流量 500 立方米每秒，小清河哑叭河—刺猬河段设计行洪流量 420 立方米每秒，小清河哑叭河汇流口以上设计行洪流量 130 立方米每秒。主要工程措施包括：小清河、哑叭河及刺猬河堤防加高加固工程，穿堤建筑物工程，古城小埝加高、加固，修筑溢流堰及分洪口门工程等。

分洪区范围　永定河滞洪水库启用后，小清河分洪区淹没范围由原来 250 平方千米减少到 161.09 平方千米，村庄由原来 103 个村减少到 54 个村，户数由原来的 6.1 万户减少到 1.6 万户，人口由原来的 18.27 万人减少到 4.5 万人，耕地由 17 万亩减少到 12 万亩。

小清河分洪区淹没情况一览表

表 2-4

永定河滞洪水库	淹没面积（平方千米）	乡镇	村庄（个）	户数（万户）	人数（万人）	耕地（万亩）
修建前	250	良乡镇、长阳镇、琉璃河镇、窦店镇、城关街道办事处、石楼镇	103	6.1	18.27	17
修建后	161.09	良乡镇、长阳镇、拱辰街道办事处、琉璃河镇、窦店镇	54	1.6	4.5	12

小清河分洪区启用后，小清河河道出境控制下泄流量为 500 立方米每秒，其余洪水由小清河河道、小清河左堤与永定河右堤之间承纳，其中黄良铁路以上段预留 750 米行洪通道。为保障分洪区内经济社会可持续发展，在保证小清河安全行洪滞洪的条件下，划出一定范围的防洪保护区作为安全区（房山新城良乡组团安全区、城建规划I区安全区、城建规划II区安全区、城建规划III区安全区），在设计标准内不再承担行洪滞洪任务。

小清河分洪区内规划安全区一览表

表 2-5

名称	位置	用途	面积（平方千米）	防洪标准
房山新城良乡组团安全区	小清河干流右岸	城镇建设用地、避洪	36	100 年
城建规划I区安全区	小清河干流右岸	城镇建设用地、避洪	5	50 年
城建规划II区安全区	小清河干流右岸	城镇建设用地、避洪	46.6	50 年
城建规划III区安全区	小清河干流左岸	城镇建设用地、避洪	14	20 年

分洪区安全建设 自 1988 年开始，按照"平战结合"的原则，开展房山区小清河分洪区安全建设。1995 年 9 月，防洪安全建设工程通过水利部海河水利委员会验收。房山区小清河分洪区安全建设规划，采取工程措施与非工程措施、就地避险与转移避险相结合的原则，建设避险楼、避险台及民房改造等措施，达到小清河分洪区群众安全避险转移的目的。

在工程措施上，针对各个区域的情况，采取不同的安全措施解决避险问题。主要从淹没水深 1.0～1.5 米的较重灾区及淹没水深 1.5 米以上的重灾区修建固定避险工程。1998 年，对就地避险进行了新的尝试，建避险楼、修避险平台和群众私房改造多种形式，加快了解决群众就地避险问题。

在非工程措施上，小清河分洪区通信系统是无线通信电台、无线广播预警和有线电话相结合方式，达到了三级预警通信体系。一是区到乡镇改为 800 兆通信系统，解决了以前 400 兆电台通信干扰的问题；二是乡镇到村安装了 5 个乡镇 22 个村（淹没水深 0.5 米以上）的无线广播预警系统；三是村到户实现广播、手摇报警器等预警方式，为小清河分洪区群众安全避险提供了通信保障。小清河分洪区雨水情监测系统是自动化雨水情遥测系统，可以实时监测区域雨情，并能进行洪水预报，同时与永定河上游各水文站互通信息，可及时掌握卢沟桥上游雨水情。小清河分洪区预警系统是与市、区气象部门联网的雷达回波监测系统和气象预报监测系统。

截至 2002 年 12 月，小清河分洪区内建防洪撤退道路 11.5 千米；修建防洪避险楼 27 座，面积 7.37 万平方米；防洪避险台 4 座，面积 2.94 万平方米，改造防洪避险房 8.01 万平方米，可解决分洪区内约 5 万人安全就地避险，共投资 12667 万元，其中国家投资 1620 万元，自筹资金 11047 万元。永定河滞洪水库建成后，永定河防汛调度运用方案发生变化，小清河分洪区范围进行了调整，小清河分洪区内安全建设设施也相应进行调整，至 2010 年，小清河分洪区范围内现有防洪避险楼 18 座，建筑面积 4.6 万平方米，防洪避险台3座，建筑面积2.48万平方米，改造的群众避险房3.7万平方米。

避险转移预案 为做好小清河分洪区防洪避险转移，1998年开始，在房山区防汛抗旱总指挥部下设小清河分洪区防汛分指挥部，由主管副区长担任指挥，分洪区范围内的各乡镇行政正职任指挥部成员。每年各乡镇组织抢险队伍和抢险机动车辆，利用电台、电话及广播形式开展群众避险转移演练工作。

小清河分洪区群众避险转移预案是：分洪区淹没水深在0.5米以下的27008人采取就地避险措施；淹没水深0.5米以上的17706人采取就地避险与转移避险相结合的方式。

当启用小清河分洪区后，由小清河防汛分指挥部组织分洪区内群众就地避险和转移避险，同时区防汛抗旱指挥部交通运输组、后勤保障组、医疗卫生组及安全保卫组协助群众避险转移和安置工作。

2010年小清河分洪区避险设施统计表

表2-6

序号	设施名称	所在乡镇	建筑面积（平方米）	避险人数（人）	建成时间（年.月）	平时功能
一	避险楼					
1	梨村	拱辰街道	1206	480	1992.10	办公
2	良乡东关	拱辰街道	1300	520	1993.11	旅馆
3	吴店	拱辰街道	5000	2000	1996.10	办公
4	良乡二街	拱辰街道	3000	800	2002.10	医院
5	东关	拱辰街道	2000	500	2002.10	办公
6	太平庄	西潞街道	3480	1400	1998.1	办公
7	鲁村	良乡镇	3000	1200	1993.8	学校
8	张家场	长阳镇	6800	2700	1998.11	办公
9	北广阳城	长阳镇	1700	600	2002.10	办公
10	哑叭河村	长阳镇	1800	400	2002.10	培训学校
11	祖村	琉璃河镇	2100	840	1994.10	办公
12	官庄	琉璃河镇	2100	840	1989.9	办公
13	韩营	琉璃河镇	1500	600	1992.6	办公
14	窑上	琉璃河镇	2100	840	1998.11	办公
15	路村	琉璃河镇	1500	600	1990.5	办公
16	西南召	琉璃河镇	1000	400	1992.5	办公

续表2-6

序号	设施名称	所在乡镇	建筑面积（平方米）	避险人数（人）	建成时间（年.月）	平时功能
17	常舍	琉璃河镇	1856	740	1991.9	学校
18	南召中心校	琉璃河镇	5000	2500	1993.8	学校
小计			46442	17960		
二	避险台					
1	石村避险台	琉璃河镇	8750	3200	1999.7	
2	篱笆房避险台	长阳镇	8150	2000	1999.7	
3	两间房避险台	窦店镇	7900	2600	1999.7	
小计			24800	7800		
三	民房改造					
	良乡镇、琉璃河镇、长阳镇、窦店镇		37447	4625	1999.7	

说明：表中数据为小清河分洪区范围调整后在小清河分洪区范围内的避险设施统计表

第三篇　水利工程建设

第一章　水库工程

　　房山区境内有中小型水库11座，总库容为13784.63万立方米。大宁水库、永定河滞洪水库、崇青水库、天开水库、牛口峪水库为中型水库；丁家洼水库、鸽子台水库为小（1）型水库；大窖水库、龙门口水库、西太平水库、水峪水库为小（2）型水库。

　　房山区水库大部分建于20世纪50—60年代，已运行数十年。20世纪90年代初，北京市水利局对全市水库工程及运行情况进行了全面普查，并根据水库工程完好情况陆续进行了除险加固处理，编制了水库除险加固规划。1995—1999年，对崇青水库、水峪水库进行了防渗加固处理；2000年起，对存在安全隐患的丁家洼水库、龙门口水库、大窖水库、西太平水库和水峪水库5座小型水库进行了除险加固、改建。为加强中型水库的防洪管理，2005年6月7日，国家防汛抗旱总指挥部公布了全国733座防洪重点中型水库名单，崇青水库、大宁水库被列入其中。截至2010年年底，房山区共有6座中小型水库实施了除险加固工程，水库运行良好。

第一节　中型水库

　　大宁水库　大宁水库位于房山区东北部与丰台区的交界处，1959年5月建成，原水库防洪标准为30年一遇洪水设计，50年一遇洪水校核，总库容330万立方米。1987年随着永定河卢沟桥分洪枢纽工程的建成，大宁水库在原来基础上，库区挖深，改建主坝、副坝和溢洪道，扩建后的大宁水库总库容为 3611 万立方米，上游发生 50 年一遇洪水，入库洪峰 1880 立方米每秒，泄洪闸控制下泄流量 214 立方米每秒；上游发生 100 年一遇洪水，入库洪峰 3530 立方米每秒，泄洪闸控制下泄流量 1800 立方米每秒；上游发生 200 年一遇洪水，入库洪峰 4000 立方米每秒，泄洪闸控制下泄流量 3143 立方米每秒。

永定河卢沟桥分洪枢纽工程包括卢沟桥拦河闸、小清河分洪闸和大宁水库，由永定河管理处下属的永定河卢沟桥分洪枢纽管理所负责管理。

大宁水库主坝长 568.5 米，最大坝高 13.5 米，副坝长 980 米，最大坝高 10.5 米，两坝坝顶高程为 62.5 米，坝顶宽 6 米，坝型均为塑料薄膜斜墙沙砾坝。大宁水库泄洪闸位于主坝右端，全闸 8 孔，中部 2 孔为深孔，每孔宽 6 米，底板高程为 48 米，安装双扉平板钢闸门。

卢沟桥拦河闸共 18 孔，每孔净宽 12 米，闸门高 6.5 米，闸底高程 60.5 米，最大泄量 6890 立方米每秒。

小清河分洪闸共 15 孔，每孔净宽 12 米，闸门高 6.5 米，闸底高程 60.5 米，最大泄量 5660 立方米每秒。

2005 年 6 月，大宁水库被国家防汛抗旱总指挥部列为全国防洪重点中型水库。

永定河滞洪水库　永定河滞洪水库位于卢沟桥以下永定河稻田村及马厂村河段内，永定河滞洪水库由稻田、马厂两个水库组成，稻田水库总库容 3008 万立方米，马场水库总库容 1381 万立方米，与大宁水库三库联调库容 8000 万立方米，由永定河管理处下属的永定河滞洪水库管理所负责管理。

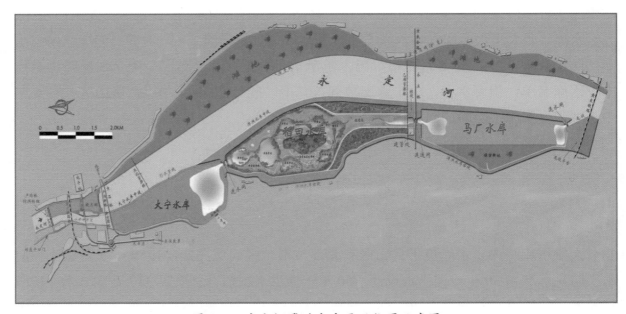

图 3-1　永定河滞洪水库平面位置示意图

永定河滞洪水库设计洪水标准为100年一遇洪水标准，水库的主要任务是防洪，控制永定河官厅山峡的洪水，使永定河100年一遇洪水，刘庄子口门不分洪，同时减少大宁水库向小清河分洪区的分洪水量，大宁水库泄洪闸控泄不超过214立方米每秒。永定河滞洪水库的修建使小清河分洪区的运用标准由原来的永定河50年一遇洪水提高到100年一遇洪水，滞洪水库不改变卢沟桥分洪枢纽现行运用方式，永定河发生100年一遇洪水，拦河闸控制泄量2500立方米每秒，多余水量经小清河分洪闸分洪进入大宁水库，并依次进入稻田和马厂水库滞洪，永定河100年一遇的洪水经三库滞洪后，卢沟桥以下河道防洪标准由50年一遇提高到100年一遇，经大宁水库向小清河分洪的流量由1880立方米每秒减至214立方米每秒。

滞洪水库工程于2000年6月开工，2003年12月完工，工程总投资86714万元。滞洪水库主要建设内容为"两库、四堤、四闸、一河、一管道"。"两库"即开挖永定河右岸滩地形成库容3008万立方米的稻田水库和库容1381万立方米的马厂水库；"四堤"即加高加宽滞洪水库右堤和局部永定河左堤，新筑滞洪水库左堤以及稻田和马厂水库中间横堤，堤防总长为36.9千米；"四闸"即新建稻田水库与大宁水库的进水闸（3联6孔，闸室总净宽60米，平板钢闸门）、稻田与马厂水库连通闸（5孔，每孔净宽12米，平板钢闸门）、马厂水库尾部退水闸（4联8孔，单孔净宽7米，弧门开敞式），扩建小清河分洪闸（4孔，每孔净宽12米，泄量由原来的2760立方米每秒增加到3730立方米每秒）；"一河"即疏挖扩宽小清河；"一管道"即永定河滞洪水库开工后，为解决施工及绿化用水，增建了滞洪水库供水工程，自三家店拦河闸下游沿永定河右岸至稻田水库进水闸下游，建设一条内径1000毫米的预应力钢筋混凝土自流引水管（全长20.92千米，设计流量1立方米每秒）从三家店调节池引水。

稻田水库　稻田水库为上库，起自大宁水库南端，下至京良公路永立桥，右堤为永定河右堤，左堤为沿永定河右侧治导线新建的堤防。水库长4560米，平均宽1200米，库区面积5.47平方千米，库区设计底高程为46米，最高库水位53.5米，最大库容3008万立方米。水库中心有湖心岛一座，面积0.4平方千米，岛顶高程为54～54.5米，湖心岛四周边坡1∶2.5左右，采用浆砌块石、干砌块石和黏土包封护砌。

马厂水库　马厂水库为下库，以连通闸与稻田水库相接，下至黄良铁路桥上游约500米处的老三坝。水库右堤为永定河右堤，左堤为沿永定河右侧治导线新建的堤防。水库长4060米，平均宽970米，库区面积3.95平方千米，库区设计底高程为45.8米，最高库水位50.5米，最大库容1381万立方米。

进水闸　进水闸位于大宁水库副坝左端，100年一遇洪水控泄流量1900立方米每秒。进水闸为潜孔平板门形式，闸室为带胸墙平底板闸室，闸底板高程49米，共6孔，每孔净宽 12.2 米，闸室总宽 85.6 米，顺水流方向总长 291 米，闸室长 24 米，采用两孔一连的阀式基础。每孔设有平板工作门，闸门高 6.4 米，采用卷扬启闭机。胸墙底高程 55 米，闸顶高程 63 米，上游最高水位 61.21 米，闸下游库底高程 46 米。

连通闸 滞洪水库由横堤平台相隔为上下两座水库，连通闸用以连通上下库，连通闸位于京良公路永立桥右侧约 350 米处，100 年一遇洪水，控泄流量 1176 立方米每秒。闸室为平底板开敞式，共 5 孔，每孔净宽 12 米，中墩厚 1.5 米，闸室总宽 66 米。闸门为平板钢闸门，固定式卷扬启闭机。

退水闸 退水闸位于黄良铁路桥上游 500 米、马厂水库的尾堤上，上游最高水位 50.5 米时，控泄流量 400 立方米每秒。闸室为平底板开敞式，底板高程为 45.8 米，共 8 孔，每孔净宽 7 米，中墩厚 1.2 米，缝墩厚 2 米。闸门为弧形钢闸门，固定式卷扬启闭机。

滞洪水库中堤 永定河滞洪水库中堤位于永定河滞洪水库右堤堤顶上。北起滞洪水库进水闸西端（桩号 0+000），向南经过稻田库右堤、穿过京良公路、经马厂库右堤、尾堤平台苗圃，向南横穿黄良铁路桥，与原永定河右堤混凝土道路相连。在桩号 9+880 处向东经尾堤平台北侧至退水闸与中堤沥青混凝土路相接，全长 10.2 千米。

崇青水库 1957—1960 年，先后修建青龙头水库和崇各庄水库，崇青水库是崇各庄水库和青龙头水库的简称，位于房山区小清河支流刺猬河崇各庄村北，水库控制流域面积 102.1 平方千米，总库容 2900 万立方米，为中型水库。崇青水库是集防洪、灌溉为一体的中型水库，1960 年建成后运行基本正常，但一直存在渗漏。

崇青水库主坝体为黏土斜墙坝，最大坝高 18.4 米，副坝为均质土坝。崇各庄主坝西坝头建有三排直径 0.8 米的放水管道，未单设溢洪道。溢洪道在青龙头主坝右坝头西 50 米处，溢洪道泄水闸为两孔，单孔宽 12 米、高 6.3 米的弧形钢闸门，最大泄洪能力 656 立方米每秒。溢洪道底有直径 1.25 米泄水管 1 条，最大泄量 7.7 立方米每秒。

1992 年 4—6 月，对崇各庄主坝路面及防浪墙进行翻修，路面修复 5650 平方米，防浪墙修复 1130 米，投资 45 万元。

1996 年 6—8 月，针对崇各庄副坝浸润线过高及排水体高度不足等问题进行处理，完成土方 0.63 万立方米，原砌石拆除 0.13 万立方米，坝内外坡及排水体干砌石护坡 0.36 万立方米，浆砌石 0.32 万立方米，新建坝顶柏油路面 457 米；完成投资 180 万元。1996 年，对青龙头主坝右坝头进行了帷幕固结灌浆加固工程。

1997 年，对崇各庄主坝左右坝头进行帷幕固结灌浆加固工程，钻孔进尺 6220 米，左坝头 570 米，右坝头 5650 米，投资 570 万元。

1998 年，在崇各庄主坝左坝头防渗墙继续进行维护加固处理，完成崇各庄主坝左坝进尺 4046 米，左坝头防渗墙 95 米，主坝观测孔改造、防浪墙和坝坡维修等，投资 289 万元。

1998 年，在崇各庄和青龙头库之间原有的土堤上，建设完成隔离堤，填筑土方 14 万立方米，浆砌石挡墙 2.3 万立方米。

1999 年，在崇各庄主坝一期防渗墙体下游侧面垂直打一道防渗墙，西河槽长 200 米，东河槽长 100 米，使大坝渗漏问题得以解决。

2005 年 6 月，崇青水库被国家防汛抗旱总指挥部列为全国防洪重点中型水库。崇青水库存在溢洪道闸门、大坝内坡、备用发电机、大坝低压照明设施、输水洞等防汛隐患问题。2006 年，北京市防汛抗旱指挥部办公室批复实施崇青水库应急度汛工程，建设内容为防汛备用发电机组及配电室改造工程；防汛低压线路、照明路灯更新改建工程；崇青水库输水洞闸门改造工程；崇青水库溢洪道闸门维护工程；崇青水库崇各庄青龙头主坝内坡面修复工程共五项内容。工程于 2006 年 3 月 15 日开始建设，于 2007 年 11 月 20 日全部竣工。崇青水库应急度汛工程总投资 384 万元，中央水利建设基金补助 50 万元，市财政配套资金 334 万元。

2010 年，崇青水库溢洪道挡墙及护坡翻修工程。主要建设内容为拆除浆砌石挡墙及护坡 466 立方米，重建浆砌石挡墙及护坡 559 立方米，工程投资 35.97 万元。工程于当年 9 月 30 日开工，10 月 25 日竣工。

漫水河引水渠　崇青水库建成后，蓄水不足，满足不了灌溉用水需求。因此修建漫水河引水渠，将大石河水引入崇青水库。1963 年建成后至 1997 年，由于渠道淤积，隧洞堵塞，输水能力不到 2 立方米每秒。1998 年进行一期改造工程，即漫水河村段（桩号 1+010～1+509）共 499 米的浆砌石矩形槽及钢筋混凝土盖板封闭工程，工程投资 60 万元。2001 年进行二期改造工程，即桩号 1+993～6+000，全长 2491 米浆砌石矩形槽及钢筋混凝土盖板封闭和引渠 6 千米的清淤工程，投资 180 万元。2007 年汛期（6 月 1 日）前，进行第三期改造工程，即对桩号 0+000～1+010 和桩号 1+509～1+993 两段进行了浆砌石矩形槽和混凝土盖板封闭，由此使全长 6 千米成为封闭渠道，并与 2002 年新建磁家务橡胶坝工程封闭式渠道相连，使全长 8 千米引渠成为全封闭，有利于水库引水蓄水和管理。此工程共开挖土方 4429 立方米，浆砌石 5028 立方米，钢筋混凝土盖板 4780 平方米，总投资 215 万元。

天开水库　天开水库 1958 年建成，位于大石河二级支流牤牛河上，天开村的西北部，控制流域面积为 48.5 平方千米，总库容为 1475 万立方米，为中型水库。

天开水库主坝为黏土斜墙坝，最大坝高 24.5 米，副坝为均质土坝。放水管位于坝体内左侧，为钢筋混凝土压力圆管，最大泄量 4.1 立方米每秒。溢洪道位于主坝右岸一侧，是利用两山间自然垭口人工开挖的明渠，底部高程 87.5 米，溢洪水深 5.2 米，最大泄量 1260 立方米每秒。

天开水库建成后，由于库区存在严重的渗漏问题，无法正常蓄水，截至 2010 年，水库一直没有进行过大规模的维修，只作为汛期防洪使用，起到拦蓄洪水作用，平时不蓄水。

牛口峪水库　牛口峪水库位于房山城关西南 2 千米的马刨泉河上，牛口峪村北。流域面积 2.3 平方千米，水库总库容为 1000 万立方米，为中型水库。水库位于山前丘陵和倾斜平原的交界处，地形高差变化大，河道纵坡陡，水库四周山口较多，副坝也多，1 座主坝、6 座副坝，将库区连接成马蹄形。库区面积 0.85 平方千米。

牛口峪水库于 1972 年年底建成，1974 年移交北京燕山石油化工有限公司管理，北京燕山石油化工有限公司的污水经处理后达标排放至牛口峪水库，经自然曝气后，排入马刨泉河。截至 2010 年，牛口峪水库管理一直由北京燕山石油化工有限公司管理。

图 3-2　牛口峪水库库区（2010 年摄）

第二节　小型水库

丁家洼水库　丁家洼水库位于大石河支流丁家洼河上，总库容 110 万立方米，控制流域面积 21.6 平方千米，于 1958 年建成，为小（1）型水库。丁家洼水库主副坝均为均质土坝，主坝长 65 米，副坝长 400 米，最大坝高 15 米，副坝内埋设放水管 1 处，内径 0.8 米，最大泄量 2 立方米每秒。主坝右侧建有开敞式溢洪道 1 座。

1988—1990 年，实施溢洪道改建，溢洪道由开敞式溢洪道净宽 18 米改为 5 孔总净宽 24 米，最大泄洪能力由 162 立方米每秒提高到 273 立方米每秒，水库运用标准提高到 30 年一遇洪水标准。

1995 年，实施非常溢洪道改造工程。工程于 1995 年 5 月 20 日开工，至 7 月 15 日全部完工。工程主要实施了新砌护坡 110 立方米，底板铺砌海漫 140 立方米，更新改造非常溢洪道药室 6 处，放水涵洞输水渠闸口改造，泄水闸更新等，完成投资 6.5 万元。

2001 年，针对水库上游朱各庄村 2000 年 7 月出现洪水淹及住户和耕地问题，实施水库维护改造工程，实施了改建上游旧桥、防洪墙砌筑、路面维修、铺设排水管道等工程措施，完成土方开挖 1.26 万立方米，回填土方 632 立方米，浆砌石 1082 立方米，恢复沥青路面 192 平方米，铺设混凝土管 30 米，共计完成投资 36.1 万元。

2004 年 10 月至 2005 年 6 月，完成丁家洼水库除险加固工程。主要完成丁家洼水库主副坝坝体加固工程、新筑围堤工程、扩建溢洪道工程及金属结构及启闭机安装工程。主要完成工程量：筑堤、坝体加固、填筑土方 1.8 万立方米，土方开挖 2.4 万立方米，干砌石护坡 0.17 万立方米，钢筋混凝土浇筑 790 立方米，浆砌石 0.24 万立方米，513 米坝顶混凝土路面及背坡植被护坡，启闭设备安装，改建管理房 69.63 平方米，555 米围堤混凝土路面及背坡植被护坡。完成工程投资 570 万元。扩建 8 米宽溢洪道与原有 5 孔溢洪道联合泄洪，最大泄量 498.37 立方米每秒，最高库水位 65.38 米，水库可达到 500 年一遇的校核标准，满足了《水利水电枢纽工程等级划分及设计标准》（SDJ 12-78）补充规定要求。

从 2006 年起至 2010 年，丁家洼水库未进行过除险加固工程。

鸽子台水库　鸽子台水库位于大石河上游霞云岭乡下河村，总库容 152.19 万立方米，控制流域面积 117 平方千米，水库于 1972 年建成，是一座以防洪、灌溉为主，发电、养鱼为辅的小（1）型水库。

鸽子台水库主坝为浆砌石重力坝，最大坝高 14.5 米，坝长 125 米，坝顶宽度 4 米，溢流段口宽 90 米。放水管埋设在大坝右肩，长 25 米，直径 30 厘米钢管 2 排，用阀门控制，最大泄量 1.6 立方米每秒。

鸽子台水库建成后，存在着坝体及左坝头渗漏、管理设施不完善、库区淤积等问题。2000 年 12 月，房山区水利局委托北京市水利规划设计研究院针对鸽子台水库工程存在的问题，编制了《房山区鸽子台水库除险加固工程可行性研究报告》。截至 2010 年年底，鸽子台水库未进行过除险加固处理。

大窖水库　大窖水库位于房山区大石河上游的史家营干沟的大村涧、金鸡台、青林台数条支流的汇流处，总库容56.5万立方米，控制流域面积78平方千米，1972年4月建成，是一座为解决农田灌溉和防洪问题的小（2）型水库。

图3-3　大窖水库（2003年摄）

大窖水库主坝为浆砌石重力坝，最大坝高23米。20年一遇洪水标准设计，洪峰流量506立方米每秒；100年一遇洪水标准校核，洪峰流量964立方米每秒。

大窖水库建成后，存在着坝顶高程不能满足防洪标准、结构尺寸不满足泄洪要求及库区渗漏、淤积等问题。2000年12月，房山区水利局委托北京市水利规划设计研究院针对大窖水库工程存在的问题，编制了《房山区大窖水库除险加固工程可行性研究报告》，并于2002年1月编制了《房山区大窖水库除险加固工程初步设计报告》。本次除险加固工程是在水文复核、结构复核的基础上，按照防洪标准对大窖水库采取除险加固工程措施，以确保水库安全。2003年3月16日至6月15日完成了对大窖水库的除险加固工作，主要工程内容是降低溢流堰顶高程，降低溢流堰顶高程至55.5米，维持现状溢流孔口宽35.4米；库区清淤；加固河岸溢洪道；水库上游新建拦沙坝；在水库上游金鸡台村桥附近新建两道坝高3米的铅丝石笼拦沙坝，每道拦沙坝长约20米。大窖水库除险加固后，防洪标准达到20年一遇洪水设计，100年一遇洪水校核。主要完成工程量包括：河道溢洪道浆砌石护砌99立方米；溢流坝坝顶浆砌石拆除121立方米；溢流坝坝顶混凝土浇筑52.5立方米；库区清淤105000立方米；库区拦沙坝石方开挖220立方米；库区铅丝石笼拦沙坝990立方米。工程投资207万元。

大窖水库2003年虽然已经完成了大坝除险加固，但是库区的渗漏问题并没有解决，水库无法正常蓄水。2010年实施水库除险加固工程，对水库库区进行清淤、土方开挖、复合土工膜铺设、浆砌石护砌、格栅石笼护底、帷幕灌浆，解决大窖水库渗漏问题，拦蓄雨洪，缓解水资源紧张局面。主要完成工程量包括：库区清淤120055立方米，土方开挖39685立方米，中粗砂垫层2765立方米，铺设复合土工膜22741平方米，浆砌石工程10648立方米，格栅石笼3130立方米，沙砾料回填4032立方米，细粒土回填1818立方米，管理房1座，面积39.01平方米，阀井1座，C20混凝土路800米。工程于2010

年3月25日开工，至2010年6月25日完工，历时3个月，工程投资1013.24万元。

西太平水库　西太平水库位于十渡镇西太平村北、拒马河的支流马鞍沟上，总库容17.04万立方米，控制流域面积3.3平方千米，于1982年建成，是一座小（2）型水库。

西太平水库主坝为浆砌石重力坝，最大坝高36.5米，西太平水库1982年竣工时，溢流堰顶挑水板及非溢流段顶1.5米高的尾工尚未按设计完成。经多年运行后，水库溢流时造成对下游坝脚直接冲刷，严重威胁坝体安全。为此，房山区水利局委托北京市水利规划设计研究院于2000年12月完成西太平水库除险加固工程可行性报告及配套设计。2002年4月1日开工，按20年一遇洪水设计、100年一遇洪水校核的标准进行除险加固，新建了挑流板及下游消能防冲措施。8月25日工程竣工。主要完成工程内容：将溢流堰顶降低，做钢筋混凝土挑流板；下游做铅丝石笼铺砌；非溢流坝段加高；在下游新建缓冲坝，抬高坝后水深，形成防冲消能池，保护坝脚。共完成土方980立方米，浆砌石1370立方米，拆除浆砌石193.2立方米，混凝土291立方米，植筋1350根。工程投资179.97万元。从2003年起至2010年，西太平水库未进行过除险加固处理。

龙门口水库　龙门口水库位于夹括河的支流牤牛河上、天开水库的下游，距天开水库坝下2.5千米。总库容63.9万立方米，控制流域面积48.5平方千米，在距天开水库之间流域面积10.4平方千米，于1977年建成，设计洪水位55.21米，校核洪水位55.59米，是一座小（2）型水库。

龙门口水库是考虑到天开水库渗漏，在其下游修建的小（2）型水库，主要拦蓄地表水，解决韩村河镇贫水地区1万多亩农田的灌溉用水问题。龙门口水库主坝是一座坝顶溢流的浆砌石重力坝，主坝长296.5米，最大坝高22.7米。溢流段长140.5米，堰顶高程54米，宽4米。放水管位于主坝的左侧坝体内，为内径1.25米的钢筋混凝土管，最大泄量为8.4立方米每秒。在主坝的右侧建有副坝1座，为均质土坝，坝长29米，坝顶高程58米，最大坝高7米，顶宽6米。

龙门口水库1975年12月开工，到1977年12月基本上完成了一期工程，只留下溢流坝段堰顶钢筋混凝土溢流面和消力池未做。2003年3月11日至6月15日，对水库主坝溢流段按30年一遇洪水标准设计、200年一遇洪水标准校核做了加固处理，主坝下游新建消能防冲设施，对坝体及下游河床稳定发挥了重要作用。主要工程包括主坝溢流段钢筋混凝土护面、消力池、铅丝石笼海漫、溢流堰两侧护坡及护墙。完成工程量：开挖土方9187立方米，拆除补砌浆砌石650立方米，钢筋混凝土2782立方米，铅丝石笼875立方米，用工5000工日，完成投资270万元。

从2004年起至2010年，龙门口水库未进行过除险加固处理。

水峪水库 水峪水库位于大石河山区的支流上，房山区南窖乡水峪村南，总库容10万立方米，流域面积4平方千米。水库于1972年9月竣工，是一座以拦蓄泉水、防洪、灌溉为主的小（2）型水库。水峪水库主坝为浆砌石拱坝，最大坝高18米，设计洪水标准为10年一遇。

水库1972年竣工后，运行正常。1994年5月，在市、区联合检查中，发现坝头下游山体单薄，基岩破碎，稳定性差，危及主坝安全，定为险库。1995年列入除险加固计划，4月19日至6月16日完成清基土石方300立方米，浆砌石120立方米，混凝土370立方米，钻孔93个，

图3-4　水峪水库（2010年摄）

共340米，水泥灌浆50吨，竣工后达到设计要求，完成投资33万元。

2010年，实施水库除险加固工程，对水库大坝进行帷幕灌浆处理，共进行帷幕灌浆998米，修建通往水库坝体的混凝土交通路，路长800米，路宽3米。工程于2010年3月25日开工，至6月25日完工，历时3个月，工程投资368.18万元。

第二章　河道治理

房山区属海河流域，境内有3级以上干支流河道17条，其河道分属大清河水系与永定河水系，除永定河属永定河水系外，其余河道均属于大清河水系。区内主要干流河道有永定河、小清河、大石河、拒马河，除大石河发源于房山区境内，其他3条河均发源于区境外，在房山区内为过境河。

1991—2010年，按照河道整治规划和环境发展要求，以提高河道防洪排涝能力为目标，对永定河、大石河、刺猬河等河道进行了重点疏挖整治及局部堤防建设，包括清淤疏挖河槽、修筑堤防、硬化堤路、险工加固、配套闸坝桥梁等。2003年起，结合全区发展和居民对水环境的要求，在首先保证防洪安全、排水需要的同时，将改善河道水体水质、生态保护、水景观工程纳入治河理念。

1998年，区政府东移良乡后，刺猬河作为穿越房山新城良乡组团内一条重要的河

流，承载着防洪、排水、景观等重要功能。刺猬河房山新城良乡组团段按照"以人为本、生态治河、回归自然"的思路，修建一条总长 8 千米、面积 230 公顷、蓄水面积 48 万平方米、蓄水量 70 万立方米的滨水景观廊带，为新城居民提供了一个滨河休憩空间。

为有效提高河道蓄水能力，回补地下水，改善河道水生态环境，在房山区拒马河、大石河、刺猬河等河道修建了橡胶坝、铅丝石笼坝和连拱闸等蓄水建筑物。截至 2010 年，全区河道共修建橡胶坝 15 座、铅丝石笼坝 10 座、连拱闸 43 道。全区主要河道防洪标准基本达到 10～20 年一遇洪水。

第一节　永定河右堤（房山段）

永定河是海河流域北系的主要河流之一，1985 年被国务院列为全国四大重点防汛河道之一。

永定河右堤房山段　永定河自卢沟桥下 3000 米右岸进入房山境内，经长阳镇、琉璃河镇，在金门闸下 1.7 千米处出境，入河北省涿州市。境内河长 26.77 千米，流域面积 26.75 平方千米。堤距在长阳镇高佃附近最宽达 3800 米，金门闸处最窄 532 米。

1973 年制定的《卢沟桥至梁各庄河段规划》，卢沟桥以下按 2500 立方米每秒的洪水位加高加固堤防，永定河右堤（房山段）堤顶超高 2.5 米，堤顶宽 8 米。

1990 年 5 月 13 日至 10 月 15 日，完成了永定河右堤房山段的复堤加固工程。此工程为加强永定河防洪体系，确保首都和房山区东部沿岸人民生命财产安全的一项重要工程。对永定河右堤稻田段进行复堤，达到 20 年一遇洪水设计、50 年一遇洪水校核的防洪标准。至此，永定河右堤（房山段）堤防达到行洪 2500 立方米每秒的防洪标准。完成复堤 14.7 千米，堤顶加宽到 10 米，堤顶碎石路 18 千米，修排水沟 198 条，共动土石方 39.69 万立方米，投入机械台班 2631 个，人工 1.5 万工日，投资 219 万元。

1991 年 3—6 月，完成金门闸连锁板护堤工程。桩号 28+430～28+900，长 470 米，拆改丁坝 1 座，险工内部铺设无纺布，坡面采用连锁板护砌。共完成土石方 21.47 万立方米，其中浆砌石 1316 立方米、干砌石 1926 立方米，铺设无纺布 108000 平方米，安装连锁板 11682 平方米，投资 62.47 万元。

1995 年，完成葫芦垡险工段翻修工程。桩号 16+374～16+983，长 609 米，共完成土石方 16336.7 立方米，其中浆砌石 5067.3 立方米、混凝土 119.8 立方米，用工 10820 个工日，投资 103.12 万元。

1996 年，赵营段护险工程。桩号 21+800～22+300，长 500 米，共完成土石方 20.41

万立方米，其中浆砌石 631 立方米、干砌石 120 立方米，铺设无纺布 19005 平方米，安装连锁板 15178 平方米，投资 199.26 万元。

1997 年，由于 1995 年和 1996 年官厅水库两次放水，使永定河右堤葫芦垡段出现一条斜河，危及堤防安全，所以实施了桩号 16+753～16+880、17+456～17+700 险工段的险工护砌工程。共完成土石方 8.2 万立方米，其中浆砌石 1648 立方米，装石铅丝笼 925 立方米，投资 60.4 万元。

1997 年，对永定河右堤高佃段的断堤进行修筑，筑堤工程上起桩号 5+387，下至桩号 7+252，全长 1865 米，堤防净长 1745 米，设计堤顶宽 10 米，动用土方 127276 立方米，黏土包胶 21235 立方米，堤顶沙砾料铺垫 1839 立方米，投资 85 万元。

1998 年 10 月 17 日至 2000 年 4 月 15 日，进行了永定河右堤除险加固工程治理，完成了葫芦垡上段浆砌石险工护砌工程 625 米，葫芦垡下段连锁板险工护砌工程 684 米，公议庄—赵营段连锁板险工护砌工程 184 米，金门闸护坡翻修工程 670.7 米；防汛抢险平台工程 4 处；防汛指挥楼 1 座，排水步道 83 座。共完成土方挖填 86.5 万立方米，浆砌石 1.8 万立方米，混凝土 335.29 立方米，铅丝石笼 0.45 万立方米，铺设连锁板 4.72 万平方米，混凝土方砖 0.90 万平方米，土工布 9.14 万平方米，防汛路面 12.67 万平方米。

2001 年 10 月至 2002 年 5 月，完成永定河右堤堤顶混凝土路面工程。桩号 14+280.7～29+678，路面宽 5 米，兴窑路至市界段长 21000 米，路面宽 6 米。共完成沙砾料路基回填 1.64 万立方米，混凝土 1.44 万立方米。

2003—2010 年，永定河右堤（房山段）未进行过堤防治理工程，每年汛期加强堤防检查巡视，定期进行维护。2010 年，永定河右堤房山段管理堤防长 26.77 千米。

第二节　拒马河

拒马河属海河流域大清河水系北支的主要支流，发源于河北省涞源县北部山区，流经北京市房山区西南边界，是北京市边缘水系。拒马河在房山十渡镇大沙地入北京境，在房山区大石窝镇南河村出北京市界，房山区境内总长度约为 57.3 千米，流域面积 366 平方千米。

拒马河是北京市与河北省的界河，沿岸风景秀丽，水资源丰富，河道一直未经统一治理，大石窝镇沿河村庄修建了一些护村坝。拒马河在房山区境内主要支流有南泉水河和北泉水河。1992 年开始，在拒马河修建了 2 座橡胶坝，支流北泉水河修建了 3 座橡胶坝，支流南泉水河修建了 2 座橡胶坝。2004—2010 年，为给旅游区营造水面，拒马河上先后修建了 10 座铅丝笼溢流坝。

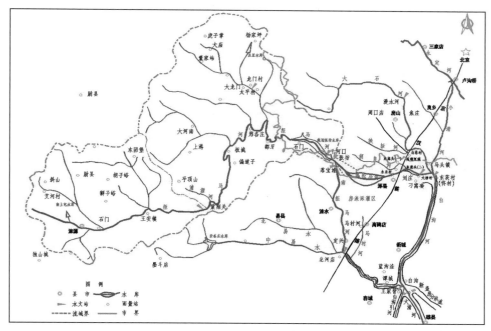

图 3-5　拒马河流域水系图

拒马河干流　1992 年 10 月开始，为旅游开发、改善水环境，并解决连年干旱问题，在拒马河上修建六渡、九渡 2 座橡胶坝，支流北泉水河上修建西长沟、沿村、坟庄共 3 座橡胶坝，南泉水河上修建云居寺、半壁店 2 座橡胶坝，将蓄水运用于人畜饮水、改善水环境和灌溉、养殖。

2003—2010 年，在拒马河上先后建成北石门、刘财、平峪、八渡等 10 座新型铅丝石笼坝，营造水面 90.86 万平方米，新增蓄水量 80.11 万立方米。

2003—2010 年房山区铅丝石笼坝情况一览表

表 3-1

序号	名称	建成时间（年.月）	主要技术指标			水面面积（万平方米）	蓄水量（万立方米）
			坝型	坝高（米）	坝长（米）		
1	北石门铅丝石笼坝	2003.5	重力式	2.5	83	16	21
2	平峪铅丝石笼坝	2004.5	重力式	1.8	167	12	7.2
3	八渡铅丝石笼坝	2004.6	重力式	1.2	223	12	5.82

续表 3-1

序号	名称	建成时间（年.月）	主要技术指标			水面面积（万平方米）	蓄水量（万立方米）
			坝型	坝高（米）	坝长（米）		
4	刘财铅丝石笼坝	2004.4	重力式	2	145	6.4	3.2
5	东湖港铅丝石笼坝	2005.5	重力式	2	104	6.99	5.82
6	七渡铅丝石笼坝	2005.5	重力式	1.4	144	11.6	15.1
7	三渡铅丝石笼坝	2005.2	重力式	1.1	77	2.8	1.4
8	张坊铅丝石笼坝	2005.7	重力式	1.1	127	5.1	2.57
9	大沙地铅丝石笼坝	2008.8	重力式	2	145	14	15
10	八渡铅丝石笼坝	2009.7	重力式	1.2	255	4	3

支流南泉水河　南泉水河发源于大石窝镇水头村，流经大石窝镇、长沟镇，最终汇入拒马河，全长 18.5 千米，流域面积 97.6 平方千米。南泉水河上修建云居寺、半壁店 2 座橡胶坝，将蓄水运用于人畜饮水、改善水环境和灌溉、养殖。

为促进南泉水河周边地区的经济发展，加快农业结构调整进程，发展云居寺地区的旅游事业，2003 年春季，大石窝镇对南泉水河进行水域环境规划，规划主要内容有治理河道 12 千米，修建半壁店水上公园、高效农业园、休闲垂钓园各 1 处，使南泉水河达到 20 年一遇洪水标准，工程规划投资 2748 万元，分三年完成。当年完成南泉水河（云居寺段）挖河筑堤 3.5 千米，修建半壁店橡胶坝 1 座，投资 500 万元。后因资金问题该工程搁浅，至 2010 年年底未实施治理工程。

支流北泉水河　北泉水河发源于长沟镇三座庵村西，由西北向东南流经西甘池村、北甘池村、南甘池村、东甘池村，经龙泉湖后，于沿村闸下向南至圣泉公园，之后折向东南，穿房易路继续东行，在长琉路东侧进入河北省境内。房山区境内河长 10.46 千米，流域面积 24.7 平方千米。北泉水河上修建西长沟、沿村、坟庄 3 座橡胶坝，将蓄水运用于人畜饮水、改善水环境和灌溉、养殖。

2009 年，长沟镇实施了北泉水河下游河道整治工程。治理起点为沿村闸，终点为北京市界，治理长度 3.2 千米，按 20 年一遇防洪标准治理，建成巡河路 1.95 千米，河堤加高 2.4 千米，新建橡胶坝 3 座、新建桥梁 4 座以及配套绿化景观工程，工程总投资 7200 万元。

第三节　大石河

大石河发源于房山区境内，属海河流域大清河水系，发源于房山区霞云岭乡堂上村西北，其上游纳入史家营沟、大安山沟、南窖沟等支沟，向东流至坨里，从青龙湖镇辛开口村出山区进入平原段，纳入支流的丁家洼河、东沙河、周口店河和夹括河，流向东南，在琉璃河镇祖村处出境，房山区境内河道长125.35千米，流域面积1280平方千米。1996年开始，为营造水面、改善水环境，在大石河修建了河北、磁家务和琉璃河3座橡胶坝。

大石河干流　1993年，北京市水利规划设计研究院编制了《大石河综合整治规划报告》，按20年一遇防洪标准（2100立方米每秒）进行规划治理。1996年8月4—5日的强降雨导致山洪暴发，大石河流域全面受灾，区水利局委托北京市水利规划设计研究院编制完成了《大石河综合治理可行性研究报告》。1996—2002年，房山区对大石河坨里至兴礼桥段分三期进行了河道治理。

1996年11月，大石河一期治理工程开工。治理范围为兴礼桥段至芦村段，治理长度16千米。成立了大石河治理工程指挥部，动员房山区内19个乡镇、134个驻区中央、市属企事业单位、22个驻军单位参加。两岸筑堤23.4千米，完成土方730万立方米，建筑物49座（节制闸1座、穿堤涵41座、桥1座、排涝站6座），共用浆砌石9.6万立方米，混凝土1.67万立方米，工程投资4700万元。至12月，大石河一期治理工程完工。

1997年9月，大石河二期治理工程开工。治理范围为京周公路至芦村段，长11.9千米，两岸筑堤22.1千米，投入机械台班6800个，完成土方309万立方米，建筑物44座（穿堤涵24座、桥1座、排涝站19座），共用浆砌石4.2万立方米，干砌石3万立方米，混凝土1.01万立方米。1999年5月完工，工程投资6014.32万元。

2000年11月，大石河三期治理工程开工。治理范围为坨里至京周公路段，长8千米。两岸筑堤11千米，护砌2000米，配套建筑物12座（桥2座、穿堤涵10座），共完成土方37.5万立方米，浆砌石1.09万立方米，混凝土1240立方米，铅丝笼装石540立方米。2002年8月完工，工程投资3700万元。

截至2010年，通过大石河河道整治，除上游未建控制工程外，中下游河道基本达到20年一遇洪水的防洪标准。

支流丁家洼河　丁家洼河发源于北京燕山石化西北部山区，流经东风街道、城关街道，最终汇入大石河，河道全长 11.8 千米，流域面积 29.4 平方千米。

支流东沙河　东沙河发源于燕山办事处迎风街道，流经迎风街道、城关街道，最终汇入大石河，河道全长 7.36 千米，流域面积 16.1 平方千米。

2006 年对东沙河局部进行了河道疏挖，并修复万宁桥—京周公路桥、化四桥—大石河段挡墙。

支流周口店河　周口店河发源于房山区周口店镇龙门口村西，自西北向东南流经周口店镇、石楼镇和窦店镇，在双柳树村与马刨泉河交汇后入大石河，河道全长 22.52 千米，流域面积 100 平方千米。周口店河支流马刨泉河发源于房山区牛口峪水库西 1.2 千米处，流经城关街道、石楼镇，最终汇入周口店河，河道全长 8.07 千米，流域面积 27.2 平方千米。马刨泉河支流西沙河发源于房山区城关迎风坡，流经城关街道，最终汇入马刨泉河，河道全长 6.81 千米，流域面积 7.6 平方千米。

2002 年，为恢复和改善北京猿人遗址的周边环境、保护和开发文化遗产、改善水环境、补充地下水资源，在龙骨山前形成主题公园，沿岸利用空闲地建不同风格的微型公园等。周口店镇利用三年时间对该段河道进行综合治理。主要完成清理整治河道 10 千米，两岸防护衬砌 10 千米，两侧绿化 10 千米；新建铅丝笼坝 2 座、连拱闸 15 座，工程投资 1500 万元。

2006 年，对马刨泉河京周公路桥以下河道按 20 年一遇洪水标准进行治理。对西沙河洪寺村外环公路桥以下的河道按 20 年一遇洪水标准进行治理。

支流夹括河　夹括河发源于房山区周口店镇泗马沟村北，流经周口店镇、韩村河镇和琉璃河镇，最终汇入大石河，河道全长 33.41 千米，流域面积 177.4 平方千米。夹括河支流牤牛河发源于房山区韩村河镇圣水峪村，流经上中院村、下中院村、孤山口村、天开村、龙门口村，于西南章村附近汇入夹括河，河道全长 23.8 千米，流域面积 65.2 平方千米。

2002 年，韩村河镇实施了夹括河韩村河段河道治理工程，对夹括河河道裁弯取直，扩挖主河槽 600 米，底宽 20 米，边坡 1∶3，动用土方 16 万余立方米，浆砌石 5653 立方米，混凝土 450 立方米，工程投资 799 万元。

第四节　小清河

小清河属海河流域大清河水系，发源于北京市丰台区长辛店镇西北部，流经房山区东部平原，在琉璃河镇八间房村出境，于河北省涿州市码头镇南汇入北拒马河，全长约

43.16千米，总流域面积395平方千米，其中北京境内河道长约30千米，房山区境内河长约27.17千米，流域面积272平方千米。小清河主要支流有刺猬河、哑叭河和吴店河。1991年开始，为在支流刺猬河城区段营造水面，增加居民休闲娱乐场所，在刺猬河上修建了良乡、西潞园、南刘庄、鲁村和大南关5座橡胶坝。

小清河干流　小清河历史上为永定河的分洪河道，曾于1975年对河道进行过治理，后因涉及省、市行滞洪的问题，在右堤扒开两处共400米长的豁口，使堤防失去了防洪能力。1991—2009年，小清河未进行过治理。

为构筑生态宜居新房山，2010年5月，房山区开始建设"房山新城万亩滨水公园"。该公园位于房山新城东部，公园南接长虹东路，北抵京良路，区域包括新城东部的滨水景观通廊内的小清河、哑叭河、新城规划绿地及房山新城规划的小清河都市郊野公园区，总占地约385.6万平方米。以小清河、哑叭河两条水系以及现状林地为依托，结合规划城市绿地，建成林水相依、林城共荣的特色公园。房山新城滨水森林公园布局为"一带两河三园"的生态滨水景观。一带是小清河风光带，两河是小清河和哑叭河，三园是房山公园、湿地公园和青春公园。规划建设内容：整治小清河京良公路桥至规划长虹东路桥4.6千米，哑叭河京广铁路桥至小清河2.3千米，新建橡胶坝3座、跌水1座，种植乔木16万株，花灌木10万株，地被植物59万平方米，管理服务用房、厕所共3900平方米，以及园路、广场等公园配套设施。规划总投资13.68亿元，其中工程费3.9亿元、征地拆迁费9.78亿元。截至当年年底，完成了施工进场准备工作，其他工程仍在建设中。

支流刺猬河　刺猬河发源于门头沟区潭柘寺镇鲁家滩村，自房山区青龙湖镇晓幼营村入境，之后由西北向东南流经房山新城良乡组团，于良乡镇东石羊村东南汇入小清河，河道总长42千米，流域面积173平方千米，其中房山区境内河道总长度22.2千米，流域面积71.1平方千米。1991年经北京市水利规划设计研究院进行洪水演算，刺猬河河道行洪与水库泄洪采取错峰方式，按20年一遇防洪标准治理，设计行洪能力为180～210立方米每秒。

1991年11月5日开始，对刺猬河进行河道整治，疏挖上起崇青水库溢洪道出口，下至刺猬河入小清河口，长16.8千米河道。完成土方155万立方米，浆砌石8200立方米，钢筋混凝土800立方米，新建改建交通桥8座、泄洪闸1座、排涵32座。工程投资732.1万元。

2003年4月2日，开始实施刺猬河综合治理一期工程。治理起点为京港澳高速，终点为京广铁路，治理长度3.4千米，按照50年一遇洪水标准进行治理。完成土石方18.72万立方米，修建混凝土巡河路2.8千米，新建人行桥5座、橡胶坝3座、泵站4座，改建桥梁1座，景观堆石7000立方米，坡地绿化面积21.5万平方米，形成水面30

万平方米。工程于 2004 年 9 月完工，工程投资 3017 万元。

2009 年 2 月 14 日，开始实施刺猬河综合治理二期工程。治理起点为京广铁路，终点为南六环路，治理全长 3.46 千米，按照 50 年一遇洪水标准进行治理。完成疏挖河道 3.46 千米，筑堤 6.88 千米，改建橡胶坝 1 座、跨河桥 1 座，新改建雨水口 12 处。工程采用了防洪排水与生态建设相结合、体现自然的设计理念，沿河景观与周边环境浑然一体。治理后，该段河道蓄水面积 32.8 万平方米，蓄水量 53 万立方米。2009 年 11 月 10 日完工，工程投资 12137 万元。

图 3-6　2009 年刺猬河综合治理（二期）工程开工

支流吴店河　吴店河发源于良乡组团上游黄辛庄村北部，流经长阳镇，最终汇入小清河，河道长 9.06 千米，流域面积 16.3 平方千米。

支流哑叭河　哑叭河（丰台区境内部分称为牤牛河）发源于丰台区大灰厂村北，自京港澳高速公路以东流经长阳镇进入房山境内，自西北向东南穿行于新城良乡组团，汇入小清河。河道全长约 20 千米，流域面积 67 平方千米，其中房山区境内河道长 3.8 千米，流域面积 9.7 平方千米。哑叭河支流佃起河发源于丰台区云岗北部山区，流经长阳镇，最终汇入哑叭河，河道长 7.27 千米，流域面积 15.1 平方千米。

哑叭河京广铁路—小清河段列入房山新城万亩滨水公园项目，治理长度 2.3 千米，左堤按照 20 年一遇洪水标准治理，右堤按照 50 年一遇洪水标准治理，工程 2010 年正在进行治理，截至当年年底未完工。

第四篇　城乡供水

第一章　城区供水

新中国成立后，房山区随着工业的发展，非农业人口的增加，城市化程度越来越高，需水量随之增加。境内生活用水，通过人工开挖的土井或者砖石井取用地下水。随着城区改造扩建，城镇化面积不断扩大，城关、良乡两地陆续通过打自备井、建设水源地及水厂满足用水需求。20 世纪 60 年代开始，开凿了房山第一眼水源井，并建设一座水塔。1975 年 10 月，良乡水源地开始建设。1979—2010 年，房山区不断加大投入，开发建设新水源地，新建集中供水厂，铺设输配水管线，完善城区供水管网。至 2010 年年底，房山区建成水源地 7 处，给城关、良乡及长阳地区供水的集中供水厂 8 座，乡镇集中供水厂 11 座，建设输水管网 128.56 千米，年供水量 1906.09 万立方米。

1996 开始，房山区围绕良乡卫星城和燕房卫星城建设，进一步解决居民饮用水问题，实施了"引磁入房""引万入良"及"引磁入良"重点工程。1996 年 9 月实施"引磁入房"工程，2000 年 3 月实施"引万入良"工程，2006 年 1 月实施"引磁入良"工程。

2003 年，为了缓解北京市用水紧张，张坊应急水源工程开始建设，该工程将拒马河水引到北京燕山石油化工有限公司，以替代密云水库向北京燕山石油化工有限公司的供水，2004 年 12 月 30 日工程完工，正式向北京燕山石油化工有限公司供水。

2004 年，南水北调中线工程北京段开始建设，房山区成立了南水北调中线工程建设委员会，配合完成房山区境内 56 千米沿线工程范围内征地拆迁的协调、组织与实施工作，涉及房山区大石窝、长沟、韩村河、周口店、青龙湖、长阳和城关 7 个乡镇。

第一节 供水水源

20世纪70年代开始，房山区随着城市及经济的发展，根据不断增长的用水需求，开始进行水源地建设，截至2010年，境内城关、良乡及燕化地区使用的地下水水源地有7处，分别为磁家务水源地、娄子水水源地、上万水源地、良乡开发区水源地、苏村水源地、夏村水源地和万佛堂水源地。水源地供水区域有：城关地区、良乡地区、周石地区和燕山地区。

城关地区及周石地区（周口店、石楼地区）水源地包括磁家务水源地和娄子水水源地。有供水厂1座，即祁家坡水厂，供水面积约16.8平方千米，用水人口10万人。磁家务水源地位于房山河北镇磁家务村西地区，1979年建设。该水源地有水源井9眼，其中8眼水源井为基岩井，井深450～500米左右，1眼为大口井，井深13米左右。其中4眼基岩井和1眼大口井为城关地区及周石地区供水。娄子水水源地位于周口店镇娄子水村地区，1987年建设，有基岩井6眼，井深350～400米。

良乡地区水源地包括磁家务水源地、上万水源地和良乡开发区水源地，供水面积约14.2平方千米，用水人口11万人左右。上万水源地位于青龙湖镇上万地区，是2000年区政府为解决良乡卫星城用水紧张建设投入使用的。该水源地有基岩井10眼，井深500～700米左右。良乡开发区水源地位于良乡卫星城城区南部的良乡工业开发区，建于1975年10月，由分布在长虹西路以南刺猬河两岸的浅层地下水水井群组成，至1993年建成，有水源井11眼，井深40～45米，属于第四系水源井，只作为良乡西区供水补压使用。另外向良乡地区供水的水源井还包括磁家务水源地4眼基岩井。

燕化地区地下水水源地包括万佛堂水源地、苏村水源地、夏村水源地和羊头岗水源地。万佛堂水源地日供水量1万立方米，羊头岗水源地因地下水下降幅度较大，基本上停用。

第二节 供水厂

随着城区改造扩建，需水量不断增加，为解决房山、良乡及长阳地区不断增加的用水需求，截至2010年年底，给城关、良乡及长阳地区供水的集中供水厂8座，设计日供水能力13万立方米，实际日供水量4.73万立方米。

小苑水厂   位于青龙湖镇小苑上村西南101米高地，总占地面积3.33公顷。工程于2000年3月1日开工建设，2000年11月建成。水厂内建筑物面积697.4平方米，包括综合用房、加压泵房、加氯间。构筑物包括3座清水池和1座吸水池，清水池单座容积3000立方米，3座总容积9000立方米。水源来自磁家务水源地和上万水源地。设计供水能力4万立方米每日，采用重力流方式集中向良乡地区供水。至2010年年底，水厂运行正常无变化。

图4-1 小苑水厂（2004年摄）

祁家坡水厂   位于房山区城关街道饶乐府村北山顶，总占地面积2.87公顷，水厂内建筑物面积478平方米，包括综合用房、加压泵房、配电室、加氯间。构筑物包括2座清水池和1座吸水池，清水池单座容积3000立方米，2座总容积6000立方米，吸水池容积300立方米。

1979年9月始建，水源来自八十亩地一眼大口井（1984年建成）和磁家务一眼大口井，1980年10月建成。配有双吸式离心泵两台，电机135千瓦；建有2500立方米蓄水池1座，加压泵房3间。1981年7月通水后，再增建2500立方米水池两座，日供水能力6720立方米。1996年9月26日至1997年7月1日第一次扩建，2009年9月第二次扩建。设计供水能力4万立方米每日，采用重力流方式集中向房山城关地区供水。由于北京地区连年干旱，地下水水位持续下降，不能保证房山、良乡两地安全稳定供水，为此由房山区政府投资2200万元，对祁家坡水厂进行第二次扩建，外购北京京燕水利管理有限公司"引拒济燕"水源向房山城关地区供水。工程分两期进行，一期项目自2009年9月起开始建设，自"引拒济燕"管线向房山祁家坡水厂引入一条DN600、全长400米的球墨铸铁管线，2010年1月2日竣工通水，每日可外购水源2.5万立方米；二期项目自2010年1月起开始建设，包括建设水厂管理用房、分水口管理用房、2座

100立方米调节蓄水池和加压泵站,两套水处理系统(单套处理能力为1万立方米每日),配备混凝设备与加氯设备,2010年3月完工。截至2010年年底,水厂运行正常无变化。

长阳第一水厂　位于长阳镇北广阳城村,于2003年1月完成了厂区的建设、配套管线工程建设。供水厂总占地面积为0.36公顷,供水管网主管道长16.4千米,服务人口共计3万多人。水厂以张坊应急水源工程的地表水作为水源,供水规模1万立方米每日。截至2010年年底,水厂运行正常无变化。

长阳第二水厂　位于长阳镇独义村,2005年4月开工,2006年10月完成了厂区的建设、配套管线工程建设。一期设计5000立方米每日, 二期设计5000立方米每日。水厂供水管线21千米,供水面积13.5平方千米,服务人口4万人。截至2010年年底,水厂运行正常无变化。

夏庄供水厂　位于良乡佳世苑小区,2003年11月建成,占地面积0.2公顷。水源井3眼,建有2座300立方米的蓄水池。设计供水规模2000立方米每日,供水面积5万平方米,服务人口1000余人,年限50年。该供水厂配水管线总长4.5千米,材质为球墨铸铁管,管网为环状网,配有4台变频泵,总投资1200万元,为社会投资。由北京雄越投资有限公司管理,配备管理人员13人。截至2010年年底,水厂运行正常无变化。

鸿顺园供水厂　位于鸿顺园小区,2001年建成。水源井3眼,井深180米,总占地0.07公顷。设计供水规模600立方米每日,服务人口5000人,供水面积15万平方米,实际供水150立方米每日,常住人口2000人。该供水厂配水管线总长10千米,材质为铸铁管,管网为环状网,配有5台变频泵,总投资600万元。由昊华物业公司管理,配备管理人员7人。截至2010年年底,水厂运行正常无变化。

吴店供水厂　位于良乡吴店村,于2002年建成。打有水源井10眼,供水井5眼,井深200米,占地面积0.65公顷。设计供水规模2000立方米每日,年限20年;实际供水450立方米每日,供水面积14万平方米,涉及2个村和2个小区,服务常住人口4960人。供水面积14万平方米,管网为支管网,总长4千米,配有5台变频泵,投资650万元。由吴店供水中心管理,配备管理人员14人。截至2010年年底,水厂运行正常无变化。

建鑫园水厂　位于良乡苏庄村南,于2003年底建成,建筑面积约1000平方米,投资25万元。水厂设计供水能力2000立方米每日,用水年限约50年,建有机井3眼,井深35米,供一个小区的生活用水,小区居住1200户3800余人。水厂职工3人,管网长度1270米,为球墨铸铁管,消毒方式为次氯酸钠。截至2010年年底,水厂运行正常无变化。

第三节 供水管网

随着城区改造扩建，需水量不断增加，为解决房山、良乡两地区不断增加的用水需求，配套水源地、水厂的建设，房山区实施了配套管网建设。

输水管线建设 良乡水源地管线建设由北京市自来水集团良泉水业有限公司自筹资金修建。自 1975 年 10 月开工到 1992 年 12 月，管线陆续建成并向良乡地区供水。该工程自 1、3、5 号水源井铺设一条 DN250 灰铸铁管线，至拱辰南大街良乡中学处与 DN400 球墨铸铁管线搭接。自 7、8、9 号水源井铺设一条 DN300 灰铸铁管线，至良乡长虹路京保路西潞南大街 31 号对面 DN400 球墨铸铁管线搭接。自 10、11、12 号水源井铺设一条 DN400 灰铸铁管线，至长虹西路南侧与 DN400 球墨铸铁管线搭接。

娄子水水源地管线建设自 1986 年开工到 2010 年年底，完成了娄子水至周口店、大石河输水管线（世界银行贷款）兴建，解决了向周口店、石楼及大石河地区供水问题。该工程自娄子水水源地经顾册、农林路、北市至房窑路铺设 1 条 DN400 灰铸铁管线，管线自房窑路变径为 DN300 灰铸铁管线，经东街、田各庄至马各庄，自马各庄变径为 DN200 灰铸铁管线向大石河地区供水。娄子水水源地至大石河地区输水管线上另有 3 条支线：第一条自周口店大街西端分出，为 DN200 灰铸铁管线，经周口店加压站加压，向周口店大街两侧村镇及单位供水；第二条自周口店分出，为 DN300 灰铸铁管线，经大韩继向石楼镇大次洛、杨驸马庄、襄驸马庄等村供水；第三条自顾册分出，为 DN300 灰铸铁管线，并自石楼镇大街段管材改为硬质聚氯乙烯，经双孝村向石楼镇政府大街等地区供水。周口店、石楼、大石河地区共铺设输水、配水管线 63 千米，供水范围包括房山城关地区、周口店镇、石楼镇、大石河等地 39 个行政村和沿途 84 个单位。

1996 年 9 月至 1997 年 6 月，磁家务水源地至祁家坡水厂输水管线由房山区政府投资，在"引磁入房"输水工程中兴建，向房山城关地区供水。该工程自水源地至祁家坡水厂铺设一条 DN630、长度约 12.5 千米的硬质聚氯乙烯输水管线。管线途经河北镇、青龙湖镇、城关街道，磁家务村、口头村、羊头岗等 15 个行政村。

2000 年 3—7 月，上万水源地至小苑水厂输水管线由房山区政府投资，在"引万入良"输水工程中兴建，向良乡地区供水。工程自上万水源地到小苑水厂铺设一条 DN630、全长 4.7 千米的硬质聚氯乙烯输水管线。管线途经上万、焦各庄、小苑等村。

2006 年 1—8 月，磁家务水源地至小苑水厂输水管线由北京市自来水集团投资，在"引磁入良"输水工程中兴建，向良乡地区供水。工程自磁家务水源地至小苑水厂铺设一条 DN600、全长 10.8 千米的球墨铸铁输水管线。管线途经磁家务、漫水河、口头、坨里、小苑上等村。

配水管线建设　1996 年 9 月至 1997 年 7 月，祁家坡水厂至房山城关配水管线建成，有 4 条出厂配水管线：第一条自水厂高位水池铺设一条 DN300、全长 1.8 千米的灰铸铁配水管线，与城区环状供水管网连接，向房山城关地区供水；第二条自水厂低位水池至城关中心环岛铺设一条 DN630、全长 2.6 千米的硬质聚氯乙烯配水管线，并于 2008 年经连通管与 DN300 灰铸铁管线相连，向房山城关地区供水；第三条自水厂低位水池至化工四厂铺设一条 DN355、全长 460 米硬质聚氯乙烯配水管线，向该厂供水；第四条自水厂低位水池至马各庄开发区铺设一条为 DN400 球墨铸铁配水管线，向该区域供水。

1996 年 9 月，在房山城关铺设 DN400、全长 5.36 千米硬质聚氯乙烯环城输水管线，东至北京市供销学校，西至卧虎山，南至北市村，北至北关环岛以南。

2000 年 3—12 月，小苑水厂至良乡地区输水管线建成。自水厂铺设 DN710、全长 9.4 千米硬质聚氯乙烯配水管线，向良乡卫星城供水。2010 年 9 月，为了保障城市供水主管线安全运行，由房山区政府投资 5860 万元实施小苑水厂至良乡城区配水主线建设工程，共铺设 DN800 球墨铸铁管线 8.67 千米，实现小苑水厂向良乡城区双路供水。

2004 年 6—12 月，京周路上水工程由房山区政府、北京市自来水集团良泉水业有限公司共同投资兴建。该工程自京良环岛至闫村立交桥铺设一条 DN600、全长 7600 米的球墨铸铁管线。管线穿越河道 3 处，穿越京周公路 6 处。

2006 年 3—6 月，良官大街上水工程由北京市自来水集团良泉水业有限公司投资兴建。该工程自长虹东路常庄路口起，沿良官大街路东铺设 1 条 DN400、全长 1668.34 米的球墨铸铁管线。

2007 年 11 月至 2008 年 8 月，良乡高教园区十四、十六号路自来水工程由房山区政府投资兴建。工程为沿十四号路铺设一条 DN400、全长 752 米的球墨铸铁管线、沿十六号路铺设一条 DN400、全长 5120 米的球墨铸铁管线。2007 年 11 月 1 日与十四号路同期开工建设。

第四节　重点供水工程

1991—2010 年，随着城区建设，用水需求增加，房山区建设加大投入，建设重点引水工程满足不断增加的用水需求。分别是"引磁（磁家务）入房（城关）"供水工程、"引万（上万）入良（良乡）"供水工程、"引磁（磁家务）入良（良乡）"供水工程；

同时配合张坊应急水源工程、南水北调中线工程北京房山段完成了相关工作。

"引磁（磁家务）入房（城关）"供水工程　1996 年 9 月，实施"引磁入房"供水工程，工程包括水源地、供水主管线、旧城改造、北京化工四厂送水专线和调节水厂 4 个部分，总投资 4500 万元。水源地设在河北镇磁家务村西，打水源井 9 眼，其中 5 眼为城关及周石地区供水，4 眼水源井为基岩井，井深 370～450 米。1 眼为大口井，井深 13 米左右。日供水能力 2 万立方米。供水主管线全长 15.7 千米，途经河北镇、坨里镇、城关街道的 15 个行政村，输水至祁家坡水厂。1997 年年初，在祁家坡水厂新建 3000 立方米蓄水池 2 座。1997 年 7 月 9 日"引磁入房"供水工程正式通水，城关地区可以向高层楼房层层供水，解决了房山城关地区供水量严重不足问题。

"引万（上万）入良（良乡）"供水工程　2000 年 3 月，实施"引万入良"供水工程，在上万村一带打岩石井 10 眼，井深 500～700 米，安装潜水泵，输水至青龙湖水库西侧的小苑水厂，经净化、消毒后输入配水管道，经果各庄、安庄、固村等村，由合欢大街进入良乡城区，与月华大街、西潞北大街输水管道搭接，输入良乡城区供水管网。2006 年 12 月，"引万入良"正式通水（2 号、3 号、4 号和车站井因水位下降严重停用），日供水能力 1.1 万立方米，解决了良乡城区用水困难。

"引磁（磁家务）入良（良乡）"供水工程　2006 年 1 月，由北京市自来水集团良泉水业有限公司投资，实施"引磁入良"供水工程，在磁家务水源地建长 11 千米地下输水管道，引水至小苑水厂，输水管道途经 9 个村，迂回穿越大石河 4 次，穿越良坨、阎东公路、108 国道辅线、京石铁路，总投资 2400 万元。是年 12 月 31 日，工程竣工，每日向良乡城区输水 2 万立方米。

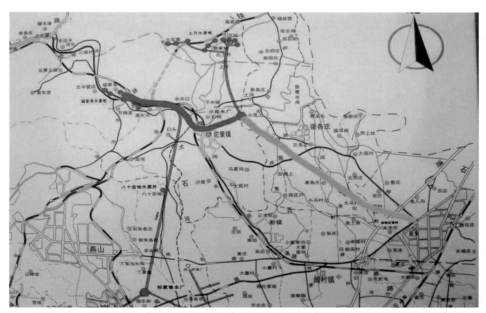

图 4-2　"引磁入房""引万入良""引磁入良"供水工程位置示意图

张坊应急水源工程　　在张坊水库未建成前，为缓解北京水资源紧缺形势，提高应对枯水年和特枯水年发生水荒的能力，2003年12月开工建设张坊应急水源工程。工程起点为拒马河五渡取水口，维修改建11千米渠道，利用胜天渠将拒马河地表水送至下寺村新建沉砂池，自沉砂池至北京燕山石油化工有限公司动力厂间新建41.95千米内径2米预应力钢筒混凝土管（PCCP）输水管，与北京燕山石油化工有限公司原有输水管连通后，向北京燕山石油化工有限公司供水；改造闫村加压站，反向输水至田村山水厂等用户。同时在张坊镇新凿10眼岩溶井向输水管补水。张坊应急水源工程穿越张坊镇、大石窝镇、长沟镇、韩村河镇、周口店镇、城关街道办事处。工程主要包括：拦河坝、进水闸、胜天渠维修、调蓄池、内径2米预应力钢筒混凝土管（PCCP）和地下水采集井群等。设计最大引水流量4立方米每秒，并保留向胜天渠灌区0.5立方米每秒的输水要求，张坊应急水源工程引水最大流量3.2立方米每秒，一般情况下2.5立方米每秒。胜天渠山区段（西关上至下寺村）作为应急供水工程的引渠使用。2004年12月30日，张坊水源应急供水工程正式通水。

截至2010年年底，张坊应急水源已经向北京燕山石油化工有限公司和城区供水5.55亿立方米，其中引拒马河地表水4.63亿立方米，开采地下水0.92亿立方米。

南水北调中线工程北京房山段　　南水北调中线工程北京房山段是国家重点工程，房山区主要负责南水北调中线工程北京房山段工程拆迁协调工作。南水北调中线输水渠道在河北省一路北行，穿越拒马河进入北京境内，横跨房山、丰台、海淀3区，最终进入颐和园的团城湖，北京段长80.3千米。工程考虑到沿线地区发展建设的用水需求，当地水源与外调水源进行合理调配，南水北调中线工程北京段沿线共设置分水口5处，位于房山区境内有3处，分别为房山分水口、燕化分水口、良乡分水口，此3处分水口设置为房山区生产生活用水提供了重要保障。

南水北调中线工程北京房山段引水管道全长56千米，占南水北调中线北京段的70%。沿线涉及房山区大石窝、长沟、韩村河、周口店、青龙湖、长阳和城关7个乡镇、48个行政村。管线自大石窝镇南河村入北京市境，由长阳镇大宁村南转向东北，穿永定河出房山区境，进入丰台区境内。征地补偿和移民安置项目包括：北拒马河暗涵、惠南庄泵站、惠南庄—大宁段双排内径4米预应力钢筒混凝土管（PCCP），北京段工程管理项目专项四个征地补偿与移民安置项目。

2004年3月，南水北调中线工程北京房山段拆迁调查工作开始；2004年4月，实物指标调查小组完成了房山区征地拆迁的外业调查、内业汇总、评估作价预算、拆迁安置选址等工作。2005年4月，由房山区水务局及拆迁调查成员单位共同对房山区段全线地上物增减情况进行了调查复核。2005年5月，房山区南水北调中线工程建设委员会成立，主任由房山区区长担任；下设房山区南水北调中线工程建设委员会办公室（以下简称"南水北调中线办"），办公室主任由房山区副区长担任，副主任由房山区水务局局长兼任。南水北调中线办负责组织召开征地拆迁办公会议，协调各相关部门、各乡镇政府及时解决征地拆迁工作中存在的问题。按照"属地拆迁"的实施原则，工程涉及的 7 个乡镇政府也成立了南水北调中线工程征地拆迁指挥部，具体负责本镇域范围内征地拆迁的协调、组织与实施工作。制定了"以乡镇为单位主体，统一拆迁、整体推进"的拆迁原则；审批通过了《南水北调中线工程房山段建设征地拆迁补偿实施方案》及相关政策；制订拆迁实施计划，完善组织机构建设，对工作人员进行政策培训，组织各相关部门进行不定期政策宣讲，认真接待信访人员，沟通化解问题和矛盾。

南水北调中线工程北京房山段总占地面积 727 公顷，其中永久占地 63.26 公顷、临时占地 663.81 公顷；一次拆迁房屋面积 138990.21 平方米，其中住宅 42584.09 平方米、非住宅 96406.12 平方米；爆破施工影响拆迁房屋面积 24898.31 平方米；沿线迁移坟墓 2752 座；伐移散生树 799223 棵，改移部分路面设施、电杆等地上附属物；农电改移工程（10 千伏）共 49 处，主要工程量为新立 340 根电杆、259 条拉线。因建设南水北调中线工程，涉及房山区灌溉设施拆除及恢复工程，主要包括：恢复灌溉管道 4 处共 7640 米；恢复泵房 46 座，管理房 2 座，灌溉渠道、管道工程 30 处，蓄水池 3 座，蓄水池附属工程 1 处；恢复灌溉渠道 11 处，灌溉管道 4 处；恢复管网 36 处，新凿井 51 眼，安装机电配套设施 48 套，恢复农村道路 187 条；拆迁安置了 3 家单位。改移电杆 7702 根，电缆、电线 100068 米，变压器 29 台，迁移坟墓 2180 座，各种路面 105928.8 平方米，伐移树木 797319 棵，其中果树 267553 棵、经济林 24384 棵、用材林 505382 棵。

2007 年 10 月，南水北调中线工程房山段拆迁工作全部完成。

第二章　镇村供水

房山区山区、丘陵地区较广，因连年干旱，造成水资源紧缺。为解决贫困地区的农业灌溉及人畜饮水等问题，房山区水利局通过建设蓄水池和小水窖来满足农民饮用水问题。

1970 年以前，全区农民饮水基本来源于浅层大口井、河水和山沟流水，农民吃水很不卫生。1970 年以后，房山区爱卫会开始筹建水改组织，负责指导全区农村改水工作。1985 年，房山区成立了农村改水项目领导小组，专门负责农村改水工作。主要采取以村为单位独立的供水设施、水龙头入户的办法普及自来水，农村改水进入政府有组织、有计划的改水阶段。1985—2010 年，新建、更新改造、改扩建、单村扶贫、安装水处理设备等多种形式共建农村水厂，逐步改善农民饮水状况。

随着房山区的城乡发展，城镇化建设加快，房山区根据每个乡镇辖区具体情况，在适宜建供水厂地区建设集中水厂、铺设输水管线并安装计量器具，与农村改水工程互相补充，共同解决农村供水问题。

为提高农村供水质量和供水安全保障率，2005年开始至2010年，房山区实施了农村安全饮水工程，累计投资12.42亿元，完成了23个乡镇370个村的供水设施改造。

第一节　人畜饮水

房山受地形、地貌作用的影响，蓄水池遍布了整个房山的土地上，具有人畜饮水、灌溉、调节水环境、涵养地下水、治理水污染、缓洪及水土保持等功效。从1991年起到2010年房山共建大小蓄水池368座（不包括企业和污水处理厂及供水厂建的蓄水池），建小水窖857个。

房山区因连年干旱，造成水资源紧缺，特别是山区、丘陵地区，共有16个乡镇，占地面积1327.2平方千米，占全区总面积的三分之二。经调查，有7533.3公顷坡地处在贫水区，其中高远山区有4266.7公顷根本无水源条件。

为解决贫困山区的农业灌溉及人畜饮水等问题，从1996年开始，对降水资源研究探讨、实验，摸索出不同结构径流场（集雨场）与径流的关系，不同集雨场与贮水系统最佳配套模式，以此来解决山区贫水问题。在市水利局、区科委、区农委的支持下，由房山区水利局牵头，十渡、张坊、史家营、佛子庄、蒲洼5个乡镇实施集雨工程建设。截至1998年年底，建人工径流集雨场4处，自然坡面集雨127处，路面边沟集雨46处，路涵出口集雨5处，共182处，集雨能力2万立方米，贮水能力3940立方米。工程共动土石方7600立方米，人工3.82万工日，投资63.6万元，其中区水利局投入经费10.5万元，市奖励21.6万元，自筹资金31.5万元。

第二节　乡镇集中供水

随着经济建设的发展，农村地区的饮水问题也变得更加突出，为了解决改善农村地区的饮水问题，房山区因地制宜地进行供水设施建设，在适宜地区建设乡镇集中供水厂，满足农村地区用水需求。

房山区建乡镇集中供水厂 11 座，设计日供水能力 8.7 万立方米。村级供水水源，集中供水解决 97 个村。集中水厂供应不到的地区，主要采取联村供水和单村供水的形式。单村供水村庄的水源井，村委会为产权主体和管理主体。联村供水的村庄和单村供水村庄水源井由管水员进行日常看护。联村供水解决 8 个村，单村供水解决 357 个村，其中 21 个村引用泉水，涉及 5351 户 13290 人。

阎村供水厂　　位于阎村镇紫园路 116 号，2000 年 6 月建成。打水源井 4 眼，井深 300 米，配 200QJ80—100 潜水泵 4 台，建 1000 立方米蓄水池 2 个，总占地 0.4 公顷。设计供水规模 7000 立方米每日，服务民众 3.5 万人，年限为 25 年。实际供水 700 立方米每日，服务常住人口 8075 人。该供水厂建有配水管线总长 10.1 千米，材质为硬质聚氯乙烯，管网为支状网，配有 5 台变频泵，加氯设备 1 套，总投资 360 万元。由阎村镇管理，配备管理人员 8 人。截至 2010 年年底，水厂运行正常无变化。

长沟镇集中供水厂　　位于坟庄村北，2002 年 5 月建成。水源井 2 眼，建有蓄水池 2 个，分别为 5000 立方米和 1000 立方米，总占地 1.33 公顷。设计供水规模 5000 立方米每日，服务人口 2.3 万人，实际服务于坟庄、西长沟、沿村 3 个村和 1 个小区，供水 1500 立方米每日。该供水厂配水管线总长 12 千米，管网为支状网，配有 3 台变频泵，水厂总投资 955.78 万元，其中市级财政补贴 200 万元、社会投资 755.78 万元。由长沟镇政府物业管理中心管理，配备管理人员 10 人。截至 2010 年年底，水厂运行正常无变化。

图 4-3　长沟镇集中供水厂（2008 年摄）

十渡供水厂　位于十渡村东南，于 2002 年 6 月建成。水源井 1 眼，井深 200 米，建蓄水池一个 500 立方米，占地面积 0.4 公顷。设计供水规模 5000 立方米每日，服务人口 1.5 万人，年限 15 年；实际供水 2000 立方米每日，涉及 2 个村 4 个企事业单位，服务人口 8000 人。该供水厂配水管线总长 6 千米，材质为硬质聚氯乙烯，管网为支状网，配有变频泵 4 台，完成投资 72 万元，其中市级财政补贴 12 万元，区投资 20 万元，社会投资 40 万元。由十渡镇政府管理，配备管理人员 6 人。截至 2010 年年底，水厂运行正常无变化。

韩村河为民供水厂　位于皇后台村西南，2003 年 12 月 1 日建成。水源井 4 眼，井深 1500 米，建有蓄水池 2 个，各 2000 立方米，占地 1.33 公顷。设计供水规模 1 万立方米每日，服务 2 个小区和企事业单位的 7 万人口，年限为 50 年；实际供水 1750 立方米每日，服务人口近 2 万人。该供水厂配水管线总长 11.7 千米，材质为硬质聚氯乙烯管，管网为支状网，配有变频泵，完成投资 1738 万元，其中市级财政补贴 68 万元，区投资 520 万元，自筹 1150 万元。由韩村河房地产开发公司管理，配备管理人员 5 人。截至 2010 年年底，水厂运行正常无变化。

琉璃河中心供水厂　位于琉璃河镇，2004 年 1 月 1 日建成。水源井 4 眼，安装潜水泵 4 台 15 千瓦，井深 90 米，建 1000 立方米蓄水池 1 个，占地面积 0.4 公顷。设计供水规模 1 万立方米每日，服务 5 个村、3 个小区、4 个企事业单位共 0.4 万人，年限 20 年；实际供水 1500 立方米每日，服务人口 3500 人。该供水厂配水管线总长 5 千米，材质为硬质聚氯乙烯和钢管，管网为支状网，配有 5 台变频泵，加氯设备 1 套，完成投资 620 万元，为社会投资。由北京京威科宇节能技术开发有限公司管理，配备管理人员 6 人。截至 2010 年年底，水厂运行正常无变化。

窦店村供水厂　位于窦店村东 107 国道西侧，2004 年 5 月建成。水源井 3 眼，井深 160 米，配有潜水泵 3 台（240QJ90—60），蓄水池 2 个各 560 立方米，占地 0.13 公顷。设计供水规模 1 万立方米每日，范围主要是窦店村，服务人口 6000 人，年限 30 年；实际服务人口 4000 人。该供水厂配水管线总长 2.5 千米，材质为硬质聚氯乙烯和无缝钢管，管网为支状网，配有 5 台变频泵，加氯设备 1 套（随动式 SDX-1），完成投资 1200 万元，为社会投资。由窦店农牧工商总公司管理，配备管理人员 5 人。截至 2010 年年底，水厂运行正常无变化。

窦店镇供水厂　位于于庄村，2004 年 11 月建成。水源井 4 眼，井深 140 米，建蓄水池 2 个，各 1000 立方米，占地面积 2.33 公顷。设计供水规模 1.5 万立方米每日，服务 7 个村、10 个小区、15 个机关企事业单位，共计 1.2 万人，年限 50 年；实际服务人口 4500 人。该供水厂配水管线总长 15 千米，材质为硬质聚氯乙烯和铸铁管，管网为支状网，配有 5 台变频泵，完成投资 1600 万元，为社会投资。由双明投资有限公司管理，配备管理人员 7 人。截至 2010 年年底，水厂运行正常无变化。

良乡镇民鑫集中供水厂　位于良乡镇邢家坞村南，建于 2007 年 6 月，总投资 2000 万。供水厂占地面积 0.4 公顷，厂内共有 4 眼机井（每眼井井深为 200 米），清水池 2 个（共 1000 立方米），臭氧消毒设备 1 套，变频电机 4 台。水厂设计日最大供水能力为 3000 立方米，服务人口 1.7 万人。产权归良乡镇资产经营公司所有，管理单位为良乡镇人民政府，配备管理人员 8 人。截至 2010 年年底，水厂运行正常无变化。

青龙湖集中供水厂　位于青龙湖镇晓幼营村，于 2004 年建成，占地面积 0.67 公顷。水源井 1 眼，井深 700 米，容积 1000 立方米蓄水池 2 座，水厂管理人员 5 人。设计供水能力 1 万立方米每日。供水范围主要是晓幼营村、南四位村、西石府村、北四位村、水峪村。配水管网类型为支状管网，管网总长 13 千米，管材材质为硬质聚氯乙烯。截至 2010 年年底，水厂运行正常无变化。

张坊供水厂　位于下寺村口，2005 年 11 月建成。水源井 4 眼，建蓄水池 2 个，各 500 立方米，占地 0.12 公顷。设计供水规模 7000 立方米每日，服务 6 个村和 17 个企事业单位，年限 15 年；服务人口 1.5 万人。该供水厂配水管线总长 4.5 千米，材质为硬质聚氯乙烯，管网为支状网，配有 5 台变频泵，完成投资 300 万元，其中市级财政补贴 120 万元，区投资 80 万元，社会投资 100 万元。截至 2010 年年底，水厂未投入使用。

大石窝供水厂　位于大石窝镇政府南，2005 年 11 月建成。水源井 3 眼，占地 0.4 公顷。设计供水规模 5000 立方米每日，服务人口 3.5 万人，年限 30 年。该供水厂配水管线总长 10.1 千米，材质为硬质聚氯乙烯和钢管，管网为支状网，配有 4 台变频泵，完成投资 200 万元，其中市级财政补贴 110 万元，区投资 50 万元，社会投资 40 万元。截至 2010 年年底，水厂未投入使用。

第三节　农村安全饮水

1970 年以前，全区农民饮水基本来源于浅层大口井、河水和山沟流水，部分地区饮水困难，只能靠拉水、背水、驮水吃。饮用大口井的农村占 80% 以上，因地表水容易受到各种污染，农民吃水很不卫生。

1970 年后，房山区爱卫会开始筹建水改组织，负责指导全区农村改水工作。1985 年，房山区成立了农村改水项目领导小组，专门负责农村改水工作。主要采取以村为单位独立的供水设施、水龙头入户的办法普及自来水，农村改水进入政府有组织有计划的改水阶段。当时的资金来源主要是利用世界银行无息贷款，市、区（县）政府配套资金和乡镇、村、集体、个人等多方筹集。后期主要是市、区财政加大农村改水补助资金投入，乡镇、村、集体、个人多方筹集的办法共同改水。

1985年，房山区作为北京市使用世界银行无息贷款的五区县之一，针对城关、周口店、石楼3个地区化工厂污染严重，饮用水供水不足的实际情况，建设了"周石供水工程"。该工程是"七五"期间，使用部分世界银行贷款，市、区（县）、乡镇、村及农民多方集资修建的北京市最大型的农村改水项目工程。该工程有水源地1处，300～400米深的水源井6眼，设4处加压站，1处给水控制中心，输配水管线63千米和大量的村内管网，工程供水规模11000立方米每日。"周石供水工程"的建成使用，有效解决了域内农民吃水困难，以及县城缺水、部分地区水污染严重问题。

2005年开始实施农村安全饮水工程，充分挖掘现有水厂供水能力，延伸供水管道，或通过打井、加装净化装置、消毒设施及换泵等。打饮水井215眼，安装消毒设备218台，铺设供水管网1508.8千米，为76953户安装了水表和节水龙头。

截至2010年年底，全区农村安全饮水工程累计投资12.42亿元，完成了23个镇370个村的供水设施改造，解决农民饮水水质不达标问题。全区共有164101户约40万人受益。

图4-4　2006年琉璃河镇西地村农村安全饮水管沟开挖

2005—2010 年房山区安全饮水工程建设情况统计表

表 4-1

年份	人口（人）	消毒设备（套）	安装水表（块）	管路（米）	供水能力（立方米每日）
2005	39347	9	14563	472814	5508
2006	42826	51	15289	700719	5995
2007	48447	48	20606	116552	6782
2008	141872	99	66532	3639581	19862
2009	67659	—	24856	9975800	9472
2010	55368	11	24600	182630	7751
合计	395519	218	166446	15088096	55370

说明：表中"—"表示数据缺失

第五篇　城乡排水及污水处理

第一章　城区排水

自新中国成立至改革开放初期，房山城乡市政排水设施建设缓慢，雨污水排放采取就地入渗或沿街分流排入沟河。随着城区改造扩建，人口和企业增多，雨污水排放量加大，通过发展地下管道设施改善排水条件。截至 1990 年年底，房山、良乡两城共建有雨污排水管道 28 千米，控制排水面积 2.2 平方千米，雨水排除重现期 1 年（即最大 1 小时降雨 36 毫米）以下，村庄排水设施变化较小。1991 年起，随着房山城区改造扩建，经济功能区及新城建设，城镇排水设施得到快速发展，雨污水外排系统从合流制逐步向分流制转变，明沟排水方式逐步退出。截至 2010 年年底，全区建有雨污排水管道 210 千米，比 1990 年增长 8 倍，控制排水面积 15 平方千米。其中污水管道 125 千米，雨水管道 85 千米。同时推进在街道、庭院增建绿地和蓄水设施，截留雨洪水减少外排。农村地区结合旧村改造和新农村建设，整治坑塘排水设施，村庄排水条件也有了较大改善，雨污水不再沿街漫流。

第一节　城区排水管网建设

1991 年至 2005 年 3 月期间，良乡城区排水管路基本上是钢筋混凝土管，为雨污合流方式，直径在 300～2200 毫米，总长 57752.72 米，装有雨水箅子 1566 个，检查井 1331 个。方涵宽 1～3 米，深 0.8～2.8 米，遍布于良乡城区，总长 7898.1 米。

良乡东区建有雨水管线全长 36074 米，检查井 786 座，雨水箅子 2397 个；污水管线全长 25169.6 米，检查井 709 个；中水管线全长 21149 米。

城关地区排水管线总长 27926 米，基本上为钢筋混凝土管，直径在 300～1500 毫米，其中有砖砌方沟 1290 米。装有雨水箅子 1650 个，检查井 810 个。

2005 年 4 月，城关、良乡城区排水设施由原房山区市政管委划归至房山区水务局管理。

2008 年 6 月，区水务局改造翻修城关老旧排水管道。改造翻修了房山城关大马家胡同 170 米排水管道，小马家胡同 140 米排水管道，南顺城街 160 米排水管道，投资 30.09 万元。

2009 年，实施房良两城排水管网改造工程。在良乡污水主干线上建排水泵站 1 座，每小时泄水分流 4000 吨；苏庄西街、拱辰北大街、良乡西潞、北护城河等处铺设雨水管道 659 米；整治排水方沟 160 米；城关北里、柳岸曦阁、城关东里、福胜家园、北斜街、北大寺路、化四路、京源绿洲、房山第一医院及周边小区铺设排水管道 2506 米。完善了房山新城排水系统。

2005—2010 年房山区新建排水管网设施一览表

表 5-1

地区	管线名称	起点	终点	管径（毫米）	管线长度（米）	检查井数量（座）
良乡地区	良乡污水处理厂主干线	京广铁路23号桥	良乡污水处理厂	2200	4634	66
	京周路污水管线	哑叭河	长虹西路西口	800	4500	73
	刺猬河上游截污工程	安庄	京石高速公路	500	1000	32
	刺猬河上游截污工程	南上岗小区	固村小区	500	1170	13
城关地区	农林路	顾册桥	南大街立交桥	1000	526	9
	城洪路	城关内环路	西外环路	污水管道400，雨水管1400	910	28
	东燕路	西外环路	燕房路	400	860	40
	顾八路	大件路	京周路	1000	1436	7
总计					15036	268

第二节　城区排水泵站

1991年前，建有房山城关的楮榆树排水站、良乡城区的东小楼排水站、三街排水站、四街排水站、一街排水站。2004年，建成柳林前街排水站和良乡刺猬河防倒灌工程。至2010年，房山城关、良乡城区共计建有7个排水泵站，承担着两城区低洼区域雨污水收集和提升任务，总排水能力2.15万立方米每小时。

柳林前街排水站　建于2004年，位于饶乐府铁路桥西，京周公路南侧，主要承担老城区1平方千米的排水任务。装有排水量3366立方米每小时、配用电机55千瓦的排水泵1台，排水量1170立方米每小时、配用电机30千瓦的排水泵1台，200千瓦箱式变压器1台。总排水能力4536立方米每小时。排水站设蓄水池长7.7米、宽6米、深1.8米，可容水80余立方米。

楮榆树排水站　建于20世纪80年代初期，位于城关街道东关，蓄水池蓄水9000立方米，装有排水量100立方米每小时、配用电机4千瓦的排水泵2台，排水量300立方米每小时、配用电机30千瓦的排水泵2台。总排水能力800立方米每小时。排水站设蓄水池长60米、宽30米、深5米，蓄水9000立方米；屋内池长10米、宽3米、深1米，屋外长6米、宽4米、深1米。

东小楼排水站　始建于1983年，位于良乡老城东南角，良乡中学操场南侧，承担良乡地区的排水任务，城区雨污水都归于此处排除。共有水泵8台，其中7台每台排水量为1100立方米每小时，总排水7700立方米每小时；另外1台排水量为2016立方米每小时、配用电机110千瓦；总计排水能力9716立方米每小时，装机160千瓦发电机1台，630千瓦变电箱1个。排水站设蓄水池长22米、宽20米、深6米，可蓄水2640立方米。

三街排水站　始建于1984年位于良乡西北角，城隍庙街20号处，承担良乡中路以北，拱辰大街以西及老城区西北部污水排放

图5-1　2008年7月改造完成的三街排水站

任务。装有排水量 720 立方米每小时、配用电机 22 千瓦的水泵 2 台，排水量 320 立方米每小时、配用电机 17 千瓦水泵 1 台，排水量 1100 立方米每小时、配用电机 55 千瓦水泵 1 台，真空泵 2 台， 装机 120 千瓦发电机 1 台，总计排水能力 2860 立方米每小时。排水站设蓄水池长 60 米、宽 50 米、深 5.2 米，可蓄水 15600 立方米。2007 年 12 月，开始对三街排水站进行改造：泵池清淤 9000 立方米，回填三七灰土底层 1200 立方米，泵池换填 1500 立方米，更换 4 台排水泵等。2008 年 6 月完工，总投资 313 万元。

四街排水站　始建于 1974 年，位于良乡西南角署前街，主要承担良乡老城西南部排水任务。装有排水量 720 立方米每小时、配用电机 22 千瓦水泵 1 台，排水量 320 立方米每小时、配用电机 17 千瓦水泵 1 台，排水量 1100 立方米每小时、配用电机 55 千瓦水泵 1 台，装机 3.5 千瓦真空泵 2 台，总计排水能力 2140 立方米每小时。排水站设蓄水池长 31.4 米、宽 21 米、深 5 米，可蓄水 3297 立方米。

一街排水站　始建于 1983 年，位于良乡中学操场北侧，承担良乡东南部排水任务。装有排水量 320 立方米每小时、配用电机 17 千瓦水泵 3 台，总排水量为 960 立方米每小时；装机 3.5 千瓦真空泵 1 台。该泵站主要用于清掏方沟时使用。

良乡刺猬河防倒灌工程　建于 2004 年，位于良乡城区京广铁路刺猬河桥西北侧市政排水方沟入河口处，作用是防止河水上涨后向回倒灌。因良乡城区地势较洼，建节制闸 4 座，为提升雨水，安装 9 台提升泵，导流明渠 47.5 米，每小时排水 3 万立方米。装有排水量 4000 立方米每小时、配用电机 55 千瓦的排水泵 7 台。

第三节　排水设施运行管理

城镇排水管理，初期由房山县建设局负责，20 世纪 80 年代到 2005 年 4 月由房山区市政管理委员会负责。具体养护工作由良乡市政管理所及城关市政管理所负责。2005 年 4 月起至 2010 年年底，城镇的排水工作由区水务局负责管理。同期，区水务局成立了良乡排水管理所及城关排水管理所，分别负责良乡、城关两个城区排水设施的养护运维工作。

2005 年起，城镇排水管理职能转入区水务局。区水务局参照原管理办法以及相关法律规章，继续加强城镇排水许可管理工作。同时提倡推广排水户内部雨水尽可能不外排，通过修建绿地和雨水拦蓄设施进行内部蓄滞，减小市政管网排水压力，并能利用雨水美化庭院环境。截至 2010 年，依据《北京市排水和再生水管理办法》规定，进一步完善推进全区排水与再生水利用管理工作。

第二章　污水治理

20世纪80—90年代，全区污水治理以工业企业为重点，区环保部门按照有关法律规章监管重点排污企业，推进企业建设污水处理设施，查处水污染行为。

1991—2000年，城镇村均没有污水处理设施，污水都是直排入河。企业单位有污水处理设施的也较少。2000年起，随着污水排放量加大，水环境污染问题不断加重，治理水污染、改善水环境成为全区重要建设目标，在加大力度监管企业排污的同时，对城区及镇村污水实施治理。2003年，房山区良乡第一座污水处理厂建成运行。至2010年，房山良乡两城区共建有2座污水处理厂，处理规模6万立方米每日。全区共完成92座农村污水处理站建设，并有数十家企业建设了污水处理设施。城区污水处理率达到80%，农村污水处理率达到25%。

第一节　城区污水管网

2002年，良乡城区建设污水处理厂外配套工程，排水管从良乡护城河口起，沿刺猬河北岸延伸至良乡污水处理厂，京广铁路下部采用管径1.8米、长209米，其余部分均为管径2.2米、长2100米的钢筋混凝土管，每隔500米设柔性接口1个。污水干线总长6.8千米。

2005年，实施了房山区京周公路污水管线工程。工程起点为长阳环岛，终点为阎村立交桥，共分四段：一段是长阳环岛至哑叭河，二段是哑叭河至吴店桥，三段是良坨路至刺猬河，四段是刺猬河至阎村立交桥。全长4500米，管径为800毫米，检查井73座。

2007年3月19日，城关污水处理厂配套污水管网工程正式开工。同时，房山区水务局与北京韩建集团签订城关污水干线工程BT融资项目合作协议。该工程包括西干线、东干线和工业开发区干线3条线，设计管线总长19917米，管径为DN400～DN2000毫米。西干线长9742米，其中明挖2960米、顶管6782米。起点为洪寺桥，经房山二中后沿西沙河经西街、南街、南关、房山中医院、永安西里小区后过顾册市场、北市、东坟、辛庄、东瓜地、田各庄，最后接入城关污水处理厂；东干线长5266米，其中明挖2685米、顶管2581米。起点位于城洪路，经万宁小区，沿青年北路、东大街、燕房路后至京周公路，沿京周公路至饶乐府村后在化四路口汇入工业开发区干线；工业开发区干线长4909米，其中明挖2355米、顶管3554米。起点位于大件路，经羊头岗村后沿工业开发区路，沿途接纳首创轮胎公司及园区各单位的工业及生活污水，然后穿越京周公路、化四铁路、东沙河，在田各庄村北路与污水西干线汇合，最后接入城关污水处理厂。2010年3条干线全部完工，交付使用。该工程为城关污水处理厂的运行创造了条件，完成工程投资9576万元。工程设计由北京市市政专业设计院有限公司设计，工程建筑勘察由房山建筑勘察所承担，监理单位为北京科信工程管理有限公司，施工单位为北京韩建集团。

2008年，区水务局对吴店河两段河段实施了截污工程。一是龙华苑小区到京广铁路段，在吴店河河底铺设直径800毫米、长1114米的污水主管线，106米长污水支管线，砌筑污水检查井21座；二是多宝路桥到良乡高教园区16号路段，在多宝路吴店河桥处铺设直径600毫米长74米的污水管道，接入良乡高教园区16号路污水主管线，并建水量控制闸1座。工程完工后，解决了吴店河上游小区生活污水污染河道问题。

2010年，区水务局对刺猬河上游实施了两段截污工程。一是刺猬河安庄村至京石高速公路段，沿河铺设长1000米、直径500毫米的污水管道，砌筑污水检查井32座；二是南尚岗村至固村段，沿河铺设长1170米、直径500毫米污水管道，砌筑污水检查井13座。工程完工后，解决了刺猬河上游污水随意排放问题。

第二节　城区污水处理厂

房山城区共建有城关污水处理厂和良乡污水处理厂，分别对房山城关地区和良乡地区的生活污水进行处理，退水分别就近排入大石河和刺猬河。

良乡污水处理厂　2002年10月10日开工，2003年10月30日竣工投入使用。完成土方挖填8万立方米，建筑物3000平方米，各种混凝土工程6000立方米，围墙1400米，道路铺砌8000平方米，绿化面积2.8万平方米，安装各类设备200余台（套）。

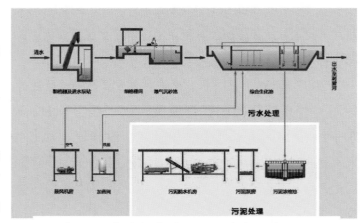

图5-2　良乡污水处理厂工艺流程图

良乡污水处理厂是房山区第一座较大的污水处理厂，设计处理能力为 4 万立方米每日，占地 12.33 公顷，总投资 7161.29 万元。采用波浪式（BIOLAK）污水生化处理工艺。服务面积 22 平方千米，范围内人口 20 万人；处理后污水达到国家一级 A 标准。退水排入刺猬河。

厂内建有厂区道路、停车场、围墙大门、室内外照明、动力、上水、雨污水、污泥管、空气管、回水管、通信及热力管等，厂区绿化率在 30％以上。

波浪式工艺主要建筑物有：格栅及集水井 1 座，细格栅、鼓风机房 1 座，综合生化池占地 17360 平方米（其中生化曝气池 2 组、澄清池 2 组、稳定池 2 组），贮泥池 2 座，加药和脱水消毒间 1 座，接触池 1 组，高低压配电室 1 座，锅炉房 1 座，维修仓库、车库 1 座，综合楼 1 座，传达室 1 座。

该工程设计单位为中国有色工程设计研究总院，监理单位为北京科信工程建设监理公司，勘察单位为北京市房山区建筑勘察所，施工单位为北京恩菲环保股份有限公司联合北京市市政第六建设工程有限公司和内蒙古欣泰建筑安装工程有限责任公司。

城关污水处理厂　2007 年 7 月 26 日开工建设，2008 年 10 月底竣工，11 月 18 日投入运行。工程位于城关街道田各庄村东，占地 7 公顷，服务人口约 10 万人，总流域面积 28.4 平方千米，设计污水处理能力为 2 万立方米每日，采用微孔曝气氧化沟脱氮除磷处理工艺，处理后的出水补充大石河下游水体，部分出水用于厂内再利用，污泥经浓缩脱水后外运再利用。构筑物包括综合楼、格栅间、提升泵井、旋流沉砂池、厌氧化沟、沉淀池、接触池及加药间、鼓风机房、污泥泵井、加氯间、污泥脱水机房、总变电室、厂区各种管线及其附属构筑物厂区、道路、围墙等。污水处理设备主要包括：粗格栅、细格栅、提升泵、旋流沉砂系统及砂水分离器、鼓风机、曝气系统、搅拌器、推进器、刮泥机、回流污泥泵、剩余污泥泵、除磷加药系统、加氯消毒系统、污泥脱水系统、起重机以及各种闸门、阀门等。截至 2010 年年底，已处理污水 300 万立方米。处理后污水达到国家一级 A 标准。退水排入大石河。

北京京城水务有限公司为项目投资人，在 25 年的特许期内建设、运营，在特许期满时无偿完好地移交。房山区政府负责该工程的“三通一平”，投资费用 3000 多万元，京城水务建厂投资 2503 万元。污水处理厂建成后，城关地区的生活污水得到处理，缓解东沙河、西沙河的污染，主要污染物化学需氧量、总磷、总氮、氨氮年消减量分别为2555 吨、266 吨、11 吨、1059 吨，该流域水质得到明显改善，为大石河补充清洁水源，改善燕房地区的生态环境，促进区域经济发展。

第三节　农村污水治理

乡镇污水处理厂　2002 年以前，房山区乡镇企事业单位、居民产生的生产和生活污水基本处于无序排放状态，或就近排入坑塘，或排入道路边沟，对周边环境造成的污染日趋严重。2002 年开始，随着房山区试点小城镇建设步伐的加快，相继在长沟、阎村、窦店、长阳 4 个重点镇实施了污水处理厂建设工程，设计污水处理能力 4.5 万立方米每日。截至 2006 年 5 月，4 座污水处理厂全部建设完成，并陆续投入运营。无序排放的污水得到了有效处置，达标排放。

长沟污水处理厂　位于长沟镇西长沟村，占地面积 1.47 公顷，投资 1800 万元。设计处理能力 1 万立方米每日，采用周期循环活性污泥法工艺（CASS），排放标准达到北京市一级 B。工程于 2002 年 7 月开工，2003 年 6 月正式建成。建设和运行管理单位是长沟镇政府。

阎村污水处理厂　位于阎村镇开古庄村南，占地面积 0.93 公顷，建筑面积 1081 平方米，总投资 1239 万元。设计污水处理能力 1 万立方米每日。采用周期循环活性污泥法工艺（CASS），排放标准达到北京市一级 B。工程于 2005 年 8 月开工，2006 年 5月 1 日竣工。建设和管理运行单位是阎村镇人民政府。

窦店镇污水处理厂　位于窦店镇田家园西侧，占地面积 13340 平方米，建筑面积 1111 平方米，投资 1300 万元。设计日处理能力 1.5 万立方米，采用周期循环活性污泥法工艺（CASS）。工程于 2003 年 6 月动工，2004 年 10 月竣工，排放标准达到北京市一级 B。建设和运行管理单位是北京聚源置业有限公司。

长阳污水处理厂　位于长阳镇张家场村，工程总投资 1963 万元，处理规模为 2 万吨每日。工程分两期实施，一期规模为 1 万立方米每日，投资 1377 万元；二期增加规模 1 万立方米每日，投资 586 万元。服务范围为规划中心镇区，面积 9 平方千米。污水处理工艺采用二级生化处理，排放标准达到北京市一级 B。工程于 2006 年 3 月竣工。建设和管理运行单位是北京长阳兴业投资发展有限责任公司。

新农村治污　2006 年开始，房山区结合农村环境整治和新农村建设，政府加大投入，优先在水源保护区内的村庄和新农村示范村，建设发展污水处理站，集中治理村排污水。截至 2010 年，长阳、青龙湖等 20 个乡镇 87 个村实施治污建设，铺设污水管网 1570 千米，建污水处理站 92 座，合计设计处理污水 5595 立方米每日，完成了 11.7 万人的污水收集处理工作，采用多种工艺、方法简便、成本较低、净化效果好的处理技术，包括复合湿地、无动力生物膜反应器等工艺，使污水达到再生水回用标准，可回用或直排河道，实现了污水零排放与污水资源化。

镇村污水处理站采用的处理工艺有膜生物反应器（MBR）、厌氧耗氧工艺（A/O）、接触氧化、高效曝气生物滤池等多种形式。污水处理站的运行管理，由属地镇政府和村委会负责，运行费由管理单位自筹。从 2010 年起，区政府安排年度专项资金（由市划转农村污水处理设施运行经费补助资金每年 310 万元），对正常运行的污水处理站发放一定补贴，不运行不补贴。补贴标准按各站年度实际处理污水总量和不同的处理工艺制定，由区水务局核定补贴金额，区财政局将补贴资金直拨到属地镇政府。截至 2010 年年底，建设完成了 92 座镇村污水处理站，经过处理的污水用于村庄生态绿化或营造水景观。

2006—2010 年房山区小型污水处理站情况一览表

表 5-2

编号	名称	所在地	处理级别	处理工艺	总投资（万元）	运营年份	设计污水处理能力（立方米每日）
1	北正	长沟镇	北京市二级	湿地	270.45	2008	180
2	穆家口	张坊镇	北京市一级 B	MBR	229.44	2010	40
3	千河口	张坊镇	北京市一级 B	MBR	227.73	2010	20
4	下寺村	张坊镇	北京市一级 B	MBR	223.71	2010	20
5	片上村南	张坊镇	北京市一级 B	MBR	428.46	2010	20
6	片上村	张坊镇	北京市一级 B	MBR		2010	20
7	七渡果园	十渡镇	北京市一级 B	MBR	426.42	2009	30
8	七渡	十渡镇	北京市一级 B	MBR		2009	30
9	八渡	十渡镇	北京市一级 B	MBR	—	2006	10
10	八渡山庄	十渡镇	北京市一级 B	MBR	—	2006	10
11	六渡村西	十渡镇	北京市一级 B	MBR	722.13	2009	30
12	六渡村中	十渡镇	北京市一级 B	MBR		2009	30
13	六渡村西南	十渡镇	北京市一级 B	MBR		2009	30
14	五合	十渡镇	北京市一级 B	MBR	104.90	2010	5
15	卧龙	十渡镇	北京市一级 B	MBR	179.17	2010	5

续表 5-2

编号	名称	所在地	处理级别	处理工艺	总投资（万元）	运营年份	设计污水处理能力（立方米每日）
16	西关上农家院	十渡镇	北京市一级B	MBR		2010	20
17	西关上村中	十渡镇	北京市一级B	MBR	337.90	2010	20
18	西关上广告牌	十渡镇	北京市一级B	MBR		2010	20
19	马安	十渡镇	北京市一级B	MBR	527.29	2010	25
20	七渡财政局	十渡镇	北京市一级B	MBR	59.00	2009	60
21	平峪村内	十渡镇	北京市一级B	MBR	30.00	2007	30
22	平峪七队	十渡镇	北京市一级B	MBR	148.14	2010	5
23	平峪八队	十渡镇	北京市一级B	MBR		2010	5
24	西石门	十渡镇	北京市一级B	MBR	534.14	2010	30
25	西河村西	十渡镇	北京市一级B	MBR	40.00	2008	10
26	西河村中	十渡镇	北京市一级B	MBR		2008	10
27	西河村东	十渡镇	北京市一级B	MBR	—	2008	5
28	西庄	十渡镇	北京市一级B	MBR	30.00	2007	30
29	九渡	十渡镇	北京市一级B	MBR	298.39	2007	50
30	四马台	霞云岭乡	北京市一级B	MBR	294.56	2007	30
31	四马台村中	霞云岭乡	北京市二级	湿地	50.00	2007	45
32	四马台村口	霞云岭乡	北京市二级	湿地		2007	25
33	南河村东	大石窝镇	北京市一级B	MBR		2008	30
34	南河村西	大石窝镇	北京市一级B	MBR	561.27	2008	10
35	南河村中	大石窝镇	北京市一级B	MBR		2008	30
36	佛子庄村	佛子庄乡	北京市一级B	MBR	62.29	2009	40
37	佛子庄东	佛子庄乡	北京市二级	湿地	40.00	2009	85
38	务滋	琉璃河镇	北京市二级	湿地	291.36	2008	160
39	窦店工业区	窦店镇	北京市二级	湿地	85.00	2008	200
40	庙耳岗	青龙湖镇	北京市一级B	MBR	177.61	2006	30
41	土洞	青龙湖镇	北京市一级B	MBR	20.00	2010	10
42	焦各庄	青龙湖镇	北京市一级B	MBR	579.97	2009	60
43	三座庵	长沟镇	北京市二级	太阳能	15.00	2006	10

续表 5-2

编号	名称	所在地	处理级别	处理工艺	总投资（万元）	运营年份	设计污水处理能力（立方米每日）
44	广禄庄	张坊镇	北京市二级	湿地	810.18	2010	50
45	北白岱	张坊镇	北京市二级	湿地	501.91	2010	40
46	张坊	张坊镇	北京市二级	湿地	3148.00	2009	500
47	东关上	张坊镇	北京市二级	湿地	177.75	2010	20
48	大峪沟	张坊镇	北京市二级	湿地	344.57	2010	30
49	蔡家口	张坊镇	北京市二级	湿地	300.6	2010	30
50	东关上（停车场）	张坊镇	北京市二级	太阳能	30.00	2010	15
51	东关上	张坊镇	北京市二级	太阳能		2010	15
52	高庄（路边）	大石窝镇	北京市一级B	MBR	311.42	2009	100
53	高庄（田间）	大石窝镇	北京市一级B	MBR		2009	60
54	下滩	大石窝镇	北京市二级	湿地	396.2	2010	40
55	十渡	十渡镇	北京市一级B	MBR	—	—	30
56	牛家场	长阳镇	北京市一级B	MBR	120.00	2006	30
57	阎仙垡	长阳镇	北京市二级	湿地	273.31	2008	210
58	二合庄	阎村镇	北京市一级B	MBR	221.97	2006	30
59	张庄	阎村镇	北京市二级	湿地	185.02	2008	60
60	后石羊	良乡镇	北京市二级	湿地	135.21	2008	95
61	东石羊	良乡镇	北京市二级	湿地	492.8	2010	50
62	南观村	青龙湖镇	北京市二级	湿地	500.00	2007	40
63	上万村	青龙湖镇	北京市二级	湿地	276.20	2007	160
64	北车营（路边）	青龙湖镇	北京市二级	湿地	586.41	2008	60
65	北车营（村里）	青龙湖镇	北京市二级	湿地		2008	60
66	水库	青龙湖镇	北京市二级	湿地	138.00	2009	40
67	坨头	石楼镇	北京市二级	湿地	258.33	2008	190
68	北庄	石楼镇	北京市二级	湿地	560.49	2010	40
69	黄山店村	周口店镇	北京市二级	湿地	54.00	2008	160
70	娄子水	周口店镇	北京市一级B	MBR	1331.98	2008	200

续表 5-2

编号	名称	所在地	处理级别	处理工艺	总投资（万元）	运营年份	设计污水处理能力（立方米每日）
71	车场（山上）	周口店镇	北京市一级 B	MBR	173.40	2008	10
72	车场（游泳池）	周口店镇	北京市一级 B	MBR		2008	20
73	瓦井	周口店镇	北京市一级 B	MBR	675.44	2008	80
74	东瓜地	城关街道	北京市二级	湿地	320.31	2008	40
75	西地	琉璃河镇	北京市二级	湿地	299.73	2007	55
76	洄城	琉璃河镇	北京市二级	湿地	265.47	2010	40
77	龙门口	韩村河镇	北京市二级	湿地	88.64	2008	40
78	上中院	韩村河镇	北京市二级	太阳能	22.64	2010	5
79	百草洼	窦店镇	北京市二级	湿地	350.00	2008	1000
80	河口	窦店镇	北京市二级	湿地	73.96	2008	35
81	堂上纪念馆	霞云岭乡	北京市二级	太阳能	179.11	2010	5
82	堂上（村口）	霞云岭乡	北京市二级	太阳能	10.00	2010	5
83	龙门台村	霞云岭乡	北京市二级	太阳能	39.45	2010	25
84	龙门台村东	霞云岭乡	北京市二级	太阳能		2010	25
85	黄土坡	河北镇	北京市二级	湿地	330.67	2008	100
86	半壁店	河北镇	北京市二级	湿地	577.29	2010	50
87	柳林水	史家营乡	北京市二级	湿地	223.49	2008	25
88	杨林水村	史家营乡	北京市二级	湿地		2008	25
89	杨林水村东	史家营乡	北京市二级	太阳能	276.20	2007	10
90	北安	南窖乡	北京市二级	湿地	125.85	2010	50
91	花港村	南窖乡	北京市二级	太阳能	141.86	2008	10
92	西班各庄村	佛子庄乡	北京市二级	太阳能	20.00	2008	20
总计					22342.19		5595

说明：表中"—"表示数据缺失

第四节　再生水利用

　　房山区再生水设施建设起步较晚，2006 年年底，建成良乡卫星城中水处理厂，日处理规模为 5000 立方米。2008 年 10 月底，建成城关污水处理厂，处理规模为 2 万立方米每日，处理后的出水水质达到《城镇污水处理厂污染物排放标准》（GB 18918-2002）一级 A 标准，退水排入大石河。

　　2009 年，房山区水务局组织实施了良乡中水综合利用工程，主要建设内容如下：中水总管线：自中水处理厂至白杨路，敷设管径为 DN800 的球墨铸铁管道长 3.3 千米。白杨路中水管网主干管：西起圣水大街，东至长于路，以刺猬河为界，西侧敷设管径为 DN600 的球墨铸铁管道长 4.6 千米，东侧敷设管径为 DN600 的球墨铸铁管道长 1.7 千米，共计 6.3 千米。刺猬河上游回补水中水管线：自白杨路至月华大街东侧，沿刺猬河左岸敷设，采用 DN400 的球墨铸铁管，管长 4.8 千米。

　　2010 年，建设完成了京周路再生水管道，管径为 DN300，材质为球墨铸铁，长度为 1.58 千米，设置了 4 处加水点，为城市绿化用水提供方便，年供水量为 7.2 万立方米。

　　房山区的再生水利用主要是北京燕山石油化工有限公司排放的污水经处理后的再生水及良乡、城关污水处理厂污水经处理后的再生水，主要用于河道景观补水、园林绿化灌溉、市政杂用及农业灌溉等。

　　2001 年，由城关街道办事处组织实施了顾册再生水利用示范项目，该项目水源是北京燕山石油化工有限公司排放的污水经过处理后的再生水，主要采用喷灌、微喷灌、滴灌等节水灌溉方式，灌溉面积 156.6 公顷。因温室微灌对水质要求较高，用地下水解决，其余都使用了再生水灌溉，工程投资 2289.5 万元，年利用再生水约 114 万立方米。

　　刺猬河自京石高速路到良乡镇南刘庄村段，河道全长约 8 千米。1994—2009 年，陆续在刺猬河良乡城区段建成 5 座橡胶坝，利用良乡卫星城中水厂的中水蓄积在刺猬河中，形成一段城区景观河道，年补中水量

图 5-3　刺猬河中水回用（2006 年摄）

180 万立方米。

房山区建有中水处理设施并使用中水的企业、单位、学校共 11 家。采取的工艺多为物理化学过滤法、生物曝气氧化法、活性炭过滤、砂滤、生物膜过滤法。

2010 年前实现污水零排放的企业、单位、学校 5 家：北京市琉璃河水泥有限公司、北京生态岛科技有限责任公司、北京锦绣花园投资发展有限公司、北京北方温泉会议中心、北京农业职业学院。其中，北京北方温泉会议中心的中水回用系统建成于 2002 年，是房山区第一家污水零排放企业；北京市琉璃河水泥有限公司是房山区年利用中水最多的企业，仅 2010 年一年就利用中水 68.07 万立方米，全部用于绿化和设备冷却，是"北京市节能减排教育示范基地"；北京农业职业学院自 2003 年起进行中水处理设施建设，是在全区率先使用中水冲厕、卫生杂用单位；北京生态岛科技有限责任公司是一家废物处置、回收利用企业，自 2009 年运行起，实现了所有污水的零排放。

2010 年，房山区再生水用量达 2583.11 万立方米。2003—2010 年，房山区再生水利用量约 1.31 亿立方米。

截至 2010 年年底，由政府投资建设且出水达到再生水使用要求的污水处理厂共 2 座，日生产再生水 2.5 万立方米。

第六篇　农田水利与水土保持

第一章　农业灌溉

1991—2010 年，房山区农田水利从单纯的农田抗旱排涝、解决山区人畜饮水困难向节水灌溉、灌排结合等方向扩展。水土保持工作从单纯治理水土流失向构筑生态修复、生态治理、生态保护三道防线，建设清洁小流域的治理新模式转变。

房山区平原地区开展调整产业结构，发展现代农业，水利建设以高标准节水灌溉示范区为重点，大力推广喷灌、滴灌、微灌、小管出流等节水新技术，农田、林地、果园等全面推行节水灌溉。同时，由于水资源紧缺，房山区部分灌区失去地表水源，已失去了灌区的作用，灌区控制范围内，农田灌溉主要以提取地下水灌溉为主，成为地下水灌区；因为提高土地利用率或城镇发展建设，部分灌区土地被占用自然消亡；保留的灌区进行了节水技术改造。

1997—2003 年，以兴建"五小"（小水窖、小水池、小塘坝、小泵站、小水渠）水利工程为重点，开展了山区水利富民工程建设，基本实现了"五小"工程网络化的目标。

2004 年起，在不断更新机井的同时，对全区农用机井建档立卡，安装水表，加强了机井管理。

第一节　灌区改造

房山区灌区按灌溉水源分为直接引河水灌溉的灌区和通过水库拦蓄调节自流引水

灌溉的灌区。直接引河水灌溉的万亩以上灌区有房涞涿灌区、张坊胜天渠灌区、大石窝万亩灌区、坨里丰收渠灌区和周口店万米渠灌区；通过水库拦蓄调节自流引水灌溉的万亩以上灌区有大宁灌区、崇青灌区和城关东干渠灌区。

20世纪90年代开始，由于耕地的减少和水资源的调整，以及城镇化建设规模的扩大，部分灌区失去农田或失去水源而名存实亡。房涞涿灌区、坨里丰收渠灌区因上游水源不足逐渐停止使用，大宁灌区自1985年大宁水库停止供水后停止使用。仍能发挥作用的有张坊胜天渠灌区、崇青灌区、周口店万米渠灌区、城关东干渠灌区、大石窝万亩灌区。

20世纪90年代后期开始，为解决因抗旱灌溉取用地下水，陆续对有水源的灌区开展节水改造。在项目实施过程中，将灌区配套改造与"五小"水利工程相结合，沿干支渠修建水池水窖等集雨蓄水工程，通过渠系将流域内的小水库、小塘坝、小水池、小水窖等工程连接起来，形成网络化，田间再配套节水灌溉设施，提高灌溉水利用率。至2010年，全区万亩以上灌区还有5处，这些灌区基本失去地表水灌溉作用，主要以地下水灌溉为主。

张坊胜天渠灌区　渠首位于西关上村北，沿拒马河南伸，至片上村出山，长10千米，1976年12月建成。张坊胜天渠利用拒马河水源进行引水灌溉，设计灌溉面积1.6万亩。1996年，房山区政府把胜天渠改造列为农田水利建设重点工程，第一期工程建成拦河坝和整修加固3千米干渠，拦河坝按10年一遇洪水标准设计，采用铅丝石笼结构，坝长282米、高2.5米。1998年，胜天渠被列入北京市山区水利富民工程，开始第二期工程治理。1999年，累计改造干渠13.56千米，配套桥、涵、闸渠系建筑物139座，总计土石方9.27万立方米，用工27.83万个工日，投资717.99万元。

2003年12月，张坊水源应急工程开工，胜天渠山区渠段（西关上村至下寺村）作为应急供水工程的引渠使用，维修改建11千米渠道。2004年12月30日，张坊水源应急供水工程正式通水，向北京燕山石油化工有限公司和田村山水厂等供水。2005年开始，胜天渠具备灌溉农田和向北京燕山石油化工有限公司以及北京城区供水的功能。

崇青灌区　位于崇青水库下游的丘陵与平原地带，1969年建成，灌区内有东、西、中主渠道3条，总长38.9千米，设计灌溉面积5万亩，截至1990年年底，灌区累计灌溉农田4.8万亩。1999年，该灌区改造列入北京市水利富民灌区改造计划，是年5月开工，2000年11月15日竣工。改造干渠16673米，新建、改建、维修渠系建筑物78座，为补充东干渠水源，新打大口井1眼，改造大口井1眼，改造工程总计土石方7.06万立方米，用工7.16万工日，总投资698.2万元。改造后，东干渠新增供水能力40立方米每小时，渠道水利用系数达 0.8，有效灌溉面积增至 1000 公顷。2003 年始，由于连年干旱和灌区内农业结构调整等原因，该灌区基本停止农业灌溉供水。

周口店万米渠灌区　位于周口店河左岸，1973 年建成，设计灌溉面积 1.5 万亩。由于多年运行，渠道部分渠段损毁、淤积、漏水严重。1999 年，水流量 0.75 立方米每秒，灌溉面积 506.67 公顷。2000 年始，周口店镇对灌区进行改造，对松动、损毁的砌体进行重建，拆除剥落的抹面并修复，用水泥砂浆对原梯形断面进行抹面等，至 2002 年 12 月，改造干渠 13.3 千米、支渠 6 条 6 千米、渠系建筑物 41 座。由于引水水源周口店河季节性断流，周口店万米渠灌区以地下水灌溉为主。

城关东干渠灌区　灌溉水源为牛口峪水库蓄水，1971 年建成。渠首位于牛口峪水库泄水渠 2 号跌水左侧，经西沙河、穿京周公路及房（山）窑（上）公路，循东沙河至北京化工四厂南，长 4.8 千米，设计灌溉面积 1000 公顷。1980 年因牛口峪水库不再存蓄污水，水源窘困，灌渠中段（西沙河—房山医院）因城镇建设由明渠改为暗道，后基本停止使用。渠道下段通过东沙河拦河闸引水，由于东沙河季节性断流，城关东干渠灌区下段主要以地下水灌溉为主。

大石窝万亩灌区　1955 年建成，设计灌溉面积 1133 公顷。经过多年运行，灌渠年久失修、破损严重。由于拒马河水量不足，地下水水位下降等原因，1998 年实际灌溉面积 333.33 公顷。1999 年秋，区水利局对灌区进行节水改造，至 11 月，完成引渠和主干渠 1205 米浆砌石衬砌等一期工程。2000 年，完成二期节水工程。维修主干渠 8333 米，改造配套建筑物 34 座，田间支渠防渗 11900 米和 200 公顷节水配套工程。两期工程共投资 688 万元，工程竣工后，灌区轮灌期由 45 天缩短至 25 天。2005 年以后，拒马河大石窝段断流，灌区以提取大口井井水进行灌溉。

2010 年房山区中型灌区情况一览表

表 6-1　　　　　　　　　　　　　　　　　　　　　　　　　　　　　　　单位：万亩

序号	灌区名称	类型	灌溉水源	设计灌溉面积
1	张坊胜天渠灌区	中型	机电井	1.6
2	崇青灌区	中型	水库	5
3	周口店万米渠灌区	中型	机电井	1.7
4	城关东干渠灌区	中型	河水、机电井	1.5
5	大石窝万亩灌区	中型	河湖引水闸	1.5

第二节　机井管理

　　1990年，房山区实有机井4354眼，总容量62143.6千瓦，灌溉面积40.6万亩。1990年以后，随着农业节水技术的发展，新建机井数量减少，主要是补打更新机井。截至2010年年底，全区机井总数基本维持在一定数量水平。由于大量抽取地下水，地下水水位持续下降，为了控制超采地下水，区水利局按照1998年6月《北京市水利凿井审批暂行管理办法》要求，加强对农村新凿机井的控制，严格审批程序。2003年，市政府制定了26项节水措施，将农村机井装表计量作为从源头抓好节水的重要措施。

　　2004年1—3月，按照北京市水利局的总体安排，房山区对全区机井逐眼进行了GPS定位、普查建档和安装水表工作。普查的内容包括：机井的位置、成井时间、井的类型、井深、井口管径、井口材料、计量方式、取水用途和产权单位。经全面普查，全区机井共有4630眼，其中农业用机井3349眼，生活用机井849眼，工业用机井432眼。在全面普查的基础上，根据不同条件和管理方式采取不同模式为机井安装水表，对农用机井统一编号、建档，当年对全区4269眼机井完成装表，达到机井总数的92.2%。

　　2006年年底，农民用水协会和村管水员队伍组建后，机井管理、用水计量、月统月报和计收水费工作由管水员负责。每月25日前，村管水员将月统月报数据逐级上报。截至2010年年底，全区机井共有4824眼，装机容量74603千瓦。

1991—2010年房山区机井统计表

表6-2　　　　　　　　　　　　　　　　　　　　　　　　　　　　　　　　单位：眼

年度	机井总数	年度	机井总数
1991	4357	1997	4511
1992	4460	1998	4568
1993	4471	1999	4617
1994	4490	2000	3878
1995	4494	2001	4650
1996	4475	2002	4575

续表 6-2

年度	机井总数	年度	机井总数
2003	4593	2007	4812
2004	4630	2008	4831
2005	4642	2009	4817
2006	4453	2010	4824

说明：表格数据来源于房山区统计年鉴

第三节　节水灌溉

1990 年以前，房山区农田灌溉由大水漫灌逐步转到发展喷灌、滴灌、地下管道和防渗渠等节水工程上来，每亩喷灌设备投资约 1350 元，其中市财政补助 1200 元。1990 年以后，北京市财政采用贴息贷款的方式发展农业节水灌溉，每亩喷灌设备投资 1800～1950 元，市财政补助调整为 750 元以下。1996 年开始，市财政不再给予补助。从 2005 年开始，农业节水灌溉工程列入基本建设项目，以政府投资为主进行建设。

喷灌　1990 年，喷灌技术推广到城关街道和石楼、周口店、良乡、大紫草坞、琉璃河、窦店、交道、东营等 18 个乡镇、地区办事处，建成喷灌粮田 3500 公顷，其中石楼镇的喷灌粮田达 1100 公顷，周口店镇南韩继村 65.3 公顷的农田全部实现喷灌。1990 年，房山区总灌溉面积 35800 公顷，其中有效灌溉面积 31866.7 公顷，占总耕地面积的 79%。

1991—1995 年，累计完成喷灌工程 8500 公顷。全区喷灌面积达 13886.7 公顷，喷灌工程遍及 20 个平原乡镇 109 个村，城关街道、周口店、石楼、东营、窦店、良乡等乡镇地区农田基本实现喷灌。

1996 年开始，北京市财政不再对喷灌设备给予补助。为节约农业用水，发展两茬平播，帮助农户解决灌溉困难，区水利局决定每亩支付 300 元自筹款即可帮助安装喷灌。至 1999 年，全区喷灌面积达 1.69 万公顷。此后随着农村产业结构的调整，喷灌面积有所减少。截至 2010 年年底，房山区喷灌面积 1.66 万公顷，占可发展喷灌面积的 80% 以上。

滴灌　1981 年，周口店公社娄子水大队开始在 96 亩果园进行滴灌试验，随后，又有几个乡镇相继建起小面积滴灌工程。截至 1987 年年底，房山滴灌面积发展至 135.3 公顷，总投资 30.5 万元。后因滴头堵塞等关键技术环节未解决，及使用管理不善，至

1990 年年初，已建滴灌工程基本废弃。1997 年开始，随着滴灌技术提高和滴灌设备质量的改进，在山区水利富民工程建设中和温室大棚蔬菜生产中，又开始使用滴灌。

地下管道输水灌溉 1981 年，房山区始于官道公社刘丈村进行地下管道输水系统性试验，管线长 516 米，面积 28.7 公顷。尔后几年，又于琉璃河、窦店、城关、官道等地重点推广，仅 1983 年即铺设地下输水管道 158 千米。管材为混凝土管、铁管、硬塑及软塑管几种，截至 1990 年年底，房山区共计铺设各类地下输水管道 379.99 千米。1995 年，房山区利用地下管道输水灌溉面积 3226.7 公顷。1996 年后，由于大面积推广喷灌，地下管道输水灌溉有所减少。

2003 年 9 月 28 日，房山区农田地下管道灌溉小型工程开工，11 月 8 日竣工。项目涉及长阳镇的葫芦垡村和夏场村，耕地面积 278.66 公顷。新建农田地下管道灌溉 40 处，敷设硬质聚氯乙烯管 52463 米，修建泵房 2 座、田间阀门井 40 座、管理泄水井 40 座，安装保护装置 40 个。至 2010 年，房山区混凝土管道、低压塑料管管道、硬塑料管管道等地下管道输水灌溉面积 1.4 万公顷。

2009 年 8 月，为加快小型农田水利建设步伐，房山区被市水务局推荐为 2009 年中央财政小型农田水利建设重点县。2009 年小型农田水利重点县工程包括：修建铅丝石笼挡水坝 2 处、拦河闸 1 座、进水闸 1 座、桥涵 2 座、小型灌溉提水泵站 11 座，发展节水灌溉面积 727.2 公顷，护岸 2.8 千米，护坡 13500 平方米，引水渠 2830 米，清淤 14500 立方米。

截至 2010 年年底，房山区累计完成喷灌面积 1.67 万公顷，滴灌面积 2457 公顷，低压管道输水灌溉面积 1.4 万公顷。基本形成了设施农业蔬菜瓜果以滴灌、微喷为主，果树以小管出流为主，平原粮田以喷灌为主，山区粮田以管道输水和渠道衬砌为主，多种节水技术综合发展的节水型农业灌溉体系。

1991—2010 年房山区节水灌溉面积统计表

表 6-3　　　　　　　　　　　　　　　　　　　　　　　　　　　　　　单位：万亩

年度	农田		林地	果园
	合计	其中：喷灌		
1991	47.82	15.33	2.53	3.89
1992	48.67	16.73	2.59	4.10
1993	48.57	17.97	2.40	4.67

续表 6-3

年度	农田		林地	果园
	合计	其中：喷灌		
1994	48.60	19.50	2.40	4.60
1995	48.63	24.11	2.36	4.72
1996	48.62	25.17	2.36	4.80
1997	48.88	25.27	2.44	5.68
1998	49.02	25.42	2.45	6.44
1999	49.02	25.88	2.46	6.90
2000	49.02	25.65	2.44	7.67
2001	49.02	26.18	2.44	8.15
2002	48.88	26.65	2.44	8.36
2003	48.88	26.80	2.96	8.49
2004	48.64	26.85	2.81	8.55
2005	48.59	25.93	2.97	8.54
2006	48.52	24.57	2.97	8.55
2007	48.47	27.51	2.97	8.55
2008	48.43	27.37	2.97	8.55
2009	48.30	27.37	2.97	8.57
2010	48.28	24.99	2.97	8.57

第四节　典型节水工程

世界银行贷款节水项目　2001 年 4 月，北京市开始引进国际上农业节水的管理理念和先进技术路线，利用世界银行亚洲发展银行贷款，建设节水工程、农业措施和农民参与管理相结合的节水灌溉技术管理体系，实现"农业增效、农民增收、真实节水和水资源可持续利用"三大目标。房山区世界银行贷款发展节水灌溉项目包括长阳镇、琉璃河镇 2 个乡镇 25 个村 10104 人，涉及土地总面积 31.53 平方千米。2006 年 6 月底，完成世界银行贷款发展节水灌溉项目，总投资 316.8 万美元，其中世界银行贷款 125 万美元。发展节水灌溉面积 1666.7 公顷，其中低压管道灌溉 1533.3 公顷、小管出流 97.6 公顷、温室微灌工程 13.3 公顷。实现节水 367.7 万立方米。

张坊镇高标准灌溉示范区项目　2001 年，张坊镇高标准灌溉示范区项目被列为国家级高标准节水示范区。示范区因地形、地势所限，周张公路以北定为提水灌溉区，公路以南为自流与井灌结合区。区内农作物以小麦、玉米为主，北部丘陵区以农作物间植果树布局。2002—2003 年，完成张坊镇高标准灌溉示范区项目，投资 499.03 万元。新建扬水站 2 处、桥涵建筑物 58 处、井房 13 处，改建田间路 1100 米，干渠加固防渗 300 米，疏挖排水沟渠 6500 米，平整土地 100 公顷，铺设主管道 32332 米，动用土石方 21.8 万立方米，投入人工 5.98 万工日。示范区内实施建设粮田、果树、果粮间作 3 个节水区和 1 个中心示范区，总面积 1552 公顷，其中地下管道灌溉 141 公顷、喷灌 87.4 公顷、渠道防渗灌溉 70.5 公顷、小管出流 28.5 公顷、微喷 6.7 公顷、滴灌 1.3 公顷。

周口店镇节水增效示范工程　工程于 2002 年 9 月开工，2003 年 7 月竣工。工程总投资 615 万元，涉及周口村、大韩继村。完成节水灌溉面积 3075 亩，其中管灌 1862 亩、喷灌 1033 亩、微灌 180 亩。修建蓄水池 3 座，平整土地 300 亩，修建田间路 6255 米，林带种植 1 万棵。

三万亩高效节水工程　2005 年，房山区实施三万亩高效节水工程，涉及城关街道、石楼镇、周口店镇、良乡镇、琉璃河镇、窦店镇、大石窝镇的 24 个村，同年竣工。工程以防渗渠、管灌、微灌为主，其中完成防渗渠衬砌灌溉 1000 公顷。

第五节　山区水利富民工程

1997 年，北京地区遭遇全市范围的大旱，尤其是山区旱情更加严重。市政府决定从 1997 年开始，分两个阶段开展北京市山区水利富民工程。第一个阶段是 1997 年 10 月至 2000 年 10 月，以发展山区经济和富裕农民为目的，以落实经济政策为基础，以抗旱节水为中心，以农民投资为主体，以建设"五小"水利工程（小水窖、小水池、小塘坝、小泵站、小水渠）为重点，全面提高山区的生产力水平，为山区农民致富创造有效保障；第二个阶段是 2000 年 11 月至 2003 年 10 月，在山区进行"五小"工程网络化建设，基本完成山区产业结构调整，确保山区农民人均纯收入年增长 10% 以上。

图 6-1　2001 年 5 月佛子庄乡小水窖施工现场

1997 年开始，房山区率先落实"以奖代补"奖励政策，将市财政补助的水利建设资金直接发放到山区各乡、镇的农户，同时开始实施以"五小"水利工程为重点的山区水利富民工程建设。房山区水利局建立水利富民工程技术服务队，将宣传材料、水利建设设备送到农户家中并进行技术指导。1998 年 11 月，房山区山区水利富民工程科技下乡活动启动。活动内容包括指导技术培训，推广应用旱地龙、微灌、集雨利用、U 形渠道、生物覆盖 5 项实用技术，协助乡村建好山区水利富民工作管理档案。

房山区水利富民工程共涉及山区 17 个乡镇、217 个行政村、10.1 万户、30.5 万人。1997 年 10 月至 2003 年 10 月的 6 年时间，房山区水利富民工程累计完成"五小"工程 8360 处，井站塘坝截流工程 1086 处，流域网络化工程 3381 处，连通已建"五小"工程 2990 处，雨洪利用工程 2606 处，完成 4 处（张坊胜天渠灌区、崇青灌区西干渠、大石窝万亩灌区、周口店万米渠灌区）万亩以上灌区节水改造。发展节水灌溉 7060 公顷，治理水土流失面积 174.5 平方千米。同时解决了山区 8755 户、23884 万人、5555 头牲畜的饮水困难。

第二章　农田排涝和小水电

房山区农田排涝主要包括骨干排水沟和农田排水除涝。20 世纪 90 年代前期，骨干排水沟以清淤疏浚，提高除涝标准为主。随着地下水水位下降，农业产业结构调整，大力推广节水灌溉，田间排水沟逐步消失。为发挥骨干排水沟灌、排、蓄的作用，对其逐步进行配套和改造，形成了永久性设施。为解决大石河下游平原地区的农田排涝问题，从 1997 开始，结合大石河综合治理工程，对原有排涝站进行更新、改造、重建，至 1999

年逐步完成了大石河沿岸的 22 座排涝站的更新改造。

房山区的小水电站大多建于 20 世纪 70—80 年代，随着水资源日趋紧缺，河道来水量减少，大部分小水电站不同程度地存在着低效率运行问题。1991—1996 年对小水电站进行了技术改造。1999 年以后，因水资源衰减、工程年久失修、设备损坏报废等原因，小水电站作用逐步萎缩。

第一节　骨干排水沟

新中国成立后至 20 世纪 70 年代，房山区为解决平原地区涝渍、盐碱地治理，在平原地区疏挖排水沟，并相继建成了一批排涝站，加速田间积滞水排放。1977 年 10 月，在小清河西岸，对窦店排水沟、兴隆庄沟、六股道沟、刘平庄沟按 10 年一遇排涝标准进行了疏挖治理，并在 1978 年完成涵闸等建筑物和支沟配套工程。截至 2010 年年底，窦店排水沟、兴隆庄沟、六股道沟、刘平庄沟未进行过大规模的治理，每年汛期前，由相关乡镇组织进行疏挖清淤，便于汛期排水安全。

窦店排水沟　北起紫草坞乡小董村西，横跨紫草坞乡，经窦店镇，于琉璃河镇刘李店村西入大石河，排水沟全长 16.5 千米，流域面积 27 平方千米。窦店排水沟工程是房山区 1993 年度农田水利基本建设的重点工程，完成工程总投资 185 万元，其中市级财政补贴 50 万元。该工程按 10 年一遇洪水标准进行疏挖整治，最大流量 15 立方米每秒。完成工程量土方 20 万立方米，新建、翻建配套建筑物 38 座，矩形槽 2 处 420 米，该工程完工后，实现了沿沟 1533.3 公顷农田在日降雨 200 毫米的情况下及时排除，使 7 个村、950 户、3300 人免受雨水威胁，同时还改善了沿沟各村环境，给该地区人民的生产生活提供了便利。

六股道沟　发源于房山区窦店镇产业园区的东北部、江村的南部，向南流经六股道村、东南召村、北白村、南白村，最后向西南汇入大石河。排水沟全长 12.5 千米，流域面积 28 平方千米，纵坡较缓，排水能力 22 立方米每秒。其中，在沟道下游约 8.9 千米处，有兴隆庄沟汇入。六股道沟是房山区窦店产业园区的一条重要防洪排水沟道。截至 2010 年年底，现状六股道沟多为天然不规则梯形土沟，上开口宽约 3～28 米，深约 0.5～4 米，沟形较明，为季节性沟道，汛期有雨洪水通过，平时干涸。

兴隆庄沟　是小清河西岸第一条主干排水沟，为六股道沟的支沟，起点为良乡镇石羊村，向南经侯庄村、河口村，折转向西到张谢村南，再折转向南经兴隆庄村、务滋村、常舍村、薛庄村，在北白村汇入六股道沟。沟道长 12.37 千米，流域面积 24 平方千米，排水能力 22 立方米每秒。1990 年 10 月为解决官道乡富庄、黑古台、鲁村的排水，开挖、疏通了上起黑古台村西，经鲁村、小营村，到西石羊村接兴隆庄排水沟，开挖疏通排水沟 7 千米。截至 2010 年年底，现状沟道上开口宽度 2～26 米、深 0.5～7.5 米，为房山区小清河西岸主要排水沟道之一。

刘平庄沟　属于海河流域大清河水系大石河支流，发源于房山区窦店镇交道二街，房窑路南侧，由北向南流经刘平庄村及东南吕村后，再向西汇入大石河。流域面积 10.67 平方千米，沟道全长 7.06 千米，排水能力 15 立方米每秒。刘平庄沟承担着房山区窦店镇工业区、刘平庄村、东南吕村等地区的排水任务。刘平庄沟北侧为窦店镇东部工业区，为解决工业区排水出路问题，规划治理刘平庄沟作为窦店镇工业区排水沟，同时兼顾两侧农田排涝沟功能。

第二节　田间排水及排涝站

20 世纪 60 年代至 80 年代初，房山区为扩大水浇地面积，大幅度提高粮食产量，实现农业生产机械化，结合渠系配套，路、林建设和除涝治碱，对平原地区的农田逐步进行土地平整工作，经过 20 多年连续不断的整治，平原地区耕地逐步连成了片，田间排水干、支、斗、农、毛五沟相通，通过涵、闸和排涝站就近汇入干支沟或河道，除涝治碱条件有了较大改善。

排涝站集中建在大石河沿岸窦店镇、石楼镇和琉璃河镇等地区的洼地农田，1964 年 4 月建立第一个琉璃河北章村排涝站起，到 1982 年沿河共建排涝站 22 座，装机容量 2647 千瓦，排水能力达到 20.9 万立方米每秒。

进入 20 世纪 80 年代，由于干旱少雨，河流干枯，地表水减少，地下水开采量加大，

图 6-2　1997 年改造后的吉羊南排涝站

地下水水位大幅度下降，平原地区易涝渍面积逐年减少，截至 1990 年年底，全区易涝渍地面积减少到 1.018 万公顷。进入 90 年代以后，大力发展喷灌、管灌、滴灌，田间不再设置毛沟，随着疏挖农田排水沟，农田沟、林、路治理改造，排水系统进一步调整完善，实现了蓄排两用。

1996 年 11 月，大石河治理一期工程开始建设，随着大石河综合治理工程的实施，堤防的修建，大石河沿岸的农田排涝条件也有所变化，对大石河沿岸的排涝站进行了更新改造，整合了部分排涝站，对琉璃河三街、西南吕村新增加排涝站，对排涝站的水泵进行了更新。

1998 年汛期，大石河沿岸的双柳树、吉羊、李庄村的农田出现局部沥涝，刚建成的排涝站立即开启，其中双柳树排涝站 1 个多小时排除 40 多公顷的农田积水。截至 1999 年年底，大石河沿岸共建 22 个排涝站，排水条件进一步完善。所有排涝站都交由乡镇进行统一管理，汛前进行机电设备安装，汛后再拆卸回库房进行统一保管。

截至 2010 年，大石河沿河有排涝站 22 座，装机容量 2125 千瓦。全区平原地区农田排水系统干、支、斗三级排水沟基本完好，汛期田间排水通畅。

表6-4

2010年大石河排涝站一览表

序号	排涝站名称	建成时间（年.月）	建设地点	水泵 型号	水泵 数量（台）	电机容量（千瓦）	投资（万元）	改扩建时间（年.月）
1	西南昌排涝站	1997.6	琉璃河镇西南昌村西	350QZ-70GA	1	37	17.445	1997.6
2	刘李店东排涝站	1978.8	琉璃河镇刘李店村南	350QZ-70GA	1	30	35.1	1997.6
3	刘李店西排涝站	1997.6	琉璃河镇刘李店村南	350QZ-70GA	2	74	35.1	1997.6
4	洄城排涝站	1980.4	琉璃河镇洄城村南	350QZ-70	2	60	16.22	1997.6
5	琉璃河三街排涝站	1997.6	琉璃河三街村北铁路边	350ZQB-70GA	1	37	25.59	1997.6
6	琉璃河三街（古桥）排涝站	1999.6	琉璃河镇三街村北	350ZQB-70GA	1	37		1999.6
7	祖村排涝站	1975.6	琉璃河镇祖村村东	500ZQB-100	3	240	35.4	1998.6
8	北章排涝站	1964.4	琉璃河镇北章村东	350ZQB-70×2 500ZQB-100×1	3	135（40×2+55）	32.87	1998.6
9	西干排涝站	1964.5	琉璃河镇平各庄村东	350ZQB-70	2	80	24.73	1998.6
10	中干排涝站	1975.5	琉璃河镇南洛村	350ZQB-70×1 500ZQB-85×2	3	200（40×1+80×2）	50.67	1998.6
11	东干（兴礼）排涝站	1967.10	琉璃河镇兴礼村西	350ZQB-70×2 500ZQB-85×1	3	160（40×2+80）	37.7	1998.6
12	董家林排涝站	1964.6	琉璃河镇董家林村南	350ZQB-70	2	80	24.01	1998.6
13	李庄排涝站	1976.3	琉璃河镇李庄村北	350ZQB-70	2	80	24.59	1998.6

续表6-4

序号	排涝站名称	建成时间（年.月）	建设地点	水泵型号	数量（台）	电机容量（千瓦）	投资（万元）	改扩建时间（年.月）
14	立教东排涝站	1978.10	琉璃河镇立教村南	500ZQB-85	2	160	29.46	1998.6
15	立教西排涝站	1965.5	琉璃河镇立教村西南	350ZQB-70	2	80	26.35	1998.6
16	庄头排涝站	1975.4	琉璃河镇庄头村南	350ZQB-70×2 500ZQB-85×1	3	135（40×2+55）	29.5	1998.6
17	芦村北排涝站	1981.6	窦店镇芦村村北	500ZQB-100	1	55	18.89	1998.6
18	芦村南排涝站	1980.6	窦店镇芦村村西	350ZQB-70	1	40	20.34	1998.6
19	石楼北站	1980	石楼镇石楼村北	500ZQB-85	1	55	21.00	1999.6
20	双柳树南站	1975	石楼镇双柳树村南	350ZQB-70	1	80	18.05	1998.6
21	双柳树北站	1982	石楼镇双柳树村北	350QI-70GA	1	30	13.245	1998.6
22	吉羊南站	1975	石楼镇吉羊村南	350QI-70GA×1 500QI-100GA×2 700QI-125G×1	4	240（30×1+55×2+100×1）	120.347	1997.6

第三节　小型水电站

房山区小水电站大多建于 20 世纪 70—80 年代，截至 1990 年年底，房山区共有小水电站 22 座，总装机 40 台，容量 5435 千瓦。由于小水电站建站较早，受技术条件和生产力水平限制，机电设备配置落后，又经多年运行，老化失修，机电性能明显下降，再加上水资源日趋紧缺，河道来水量减少，大部分电站不同程度地存在着低效率运行问题。1990 年起，从小型农田水利补助费中安排部分资金，以提高发电效益为重点，引进新技术、新设备，对小水电站进行了技术改造。经过改造后的小水电站，在不增加装机容量的情况下，发电量有了明显的提高，经济效益明显。

房山区小水电站多采用径流发电，电站的运行直接受上游来水量变化的影响与制约，基本不具备调蓄能力。1999 年以后，北京地区连续干旱，河道径流锐减，除拒马河常年有部分基流外，其余河道基本上干涸，有些水电站因河道多年无水，造成不能启动，或因建筑物和设备损坏严重而废弃。截至 2010 年年底，共有小型水电站 14 座，总装机 28 台，容量 4345 千瓦，均位于拒马河沿岸，属于集体所有制，发电并入国网。

2010 年房山区小型水电站一览表

表 6-5

序号	水电站名称	投产年份	装机容量（台/千瓦）	累计发电量（万千瓦时）	责任单位	是否有发电能力
1	天花板一级电站	1987	4/750	178.0	十渡镇水电管理站	是
2	天花板二级电站	1987	3/500	2.2	十渡镇水电管理站	是
3	西河水电站	1977	2/320	1028.6	普渡山庄（出租）	是
4	大沙地水电站	1980	4/1280	2622.7	十渡镇水电管理站	是
5	后石门水电站	1979	2/110	102.9	后石门村委会	否
6	平峪水电站	1979	1/250	657.5	平峪村委会	是
7	小河南水电站	1980	2/150	219.8	十渡镇水电管理站	否
8	西庄村水电站	1982	2/110	145.6	西庄村委会	是

续表6-5

序号	水电站名称	投产年份	装机容量（台/千瓦）	累计发电量（万千瓦时）	责任单位	是否有发电能力
9	九渡水电站	1980	2/150	235.2	九渡村委会	是
10	峰山（七渡）水电站	1977	1/125	938.9	七渡村委会	是
11	六渡水电站	1979	1/125	406.8	六渡村委会	是
12	青江（沟口）水电站	1980	2/250	462.0	十渡镇水电管理站	是
13	西关上水电站	1978	1/125	540.2	西关上村委会	是
14	千河口水电站	1979	1/100	136.0	张坊镇农业发展中心	否

第三章　水土保持

1991年，全国人大常委会通过颁布了《中华人民共和国水土保持法》；1992年《北京市实施〈中华人民共和国水土保持法〉办法》颁布实施；1993年，国务院印发了《国务院关于加强水土保持工作的通知》。从此，水土保持成为长期坚持的一项基本国策。北京市的水土保持工作逐步实现了法治化管理。

1990年以后，房山区水土保持工作重点是依法进行水土流失调查分区，并针对不同分区，以控制水土流失为重点、以小流域为单元进行分类治理。小流域治理与农业基础设施建设、农业结构调整、改善生态环境、增加农民收入相结合，先后建成四马台、蒲洼、黄元井、雾岚山、青枫峪等生态环境建设示范小流域。

2003年以后，水土保持工作从单纯控制水土流失为重点进入水源保护为重点的生态修复、生态治理、生态保护"三道防线"建设时期，建设生态清洁小流域的治理新模式转变，治理速度加快，治理标准不断提高。

房山区始终坚持"预防为主，全面规划，综合防治，标本兼治"的方针，加大山区水土保持生态环境建设力度，围绕"优化区域发展环境，塑造房山整体形象"的战略目标，以小流域为单元，统一规划，对全区范围内重点小流域进行治理，其中四马台、半壁店、蒲洼3条小流域治理达到了部级标准，被评为全国水土流失治理"十百千"（10个城市、100个县、1000条小流域）示范小流域。

2009年，按照市水务、环保、发展改革委等部门联合下发的《关于加强开发建设项目水土保持工作的通知》，要求建设单位申报建设项目时，编制建设项目环境影响评价报告和水土保持方案，水土保持监督管理工作取得一定进展。

第一节　水土流失防治

北京市分别于 1989 年、1996 年和 2000 年开展了三次土壤侵蚀遥感调查工作。1989年，房山区轻度以上土壤侵蚀面积为 464.26 平方千米，其中轻度侵蚀 188.96 平方千米，中度侵蚀 275.30 平方千米；1996 年，房山区轻度以上土壤侵蚀面积为 610.85 平方千米，其中轻度侵蚀 421.06 平方千米，中度侵蚀 189.79 平方千米；2000 年，房山区轻度以上土壤侵蚀面积为 582.13 平方千米，其中轻度侵蚀 436.27 平方千米，中度侵蚀 145.86 平方千米。

2000 年房山区山区乡镇土壤侵蚀情况统计表

表 6-6

单位：平方千米

序号	乡镇名称	面积	轻度以上土壤侵蚀面积		
			轻度侵蚀	中度侵蚀	小计
1	河北镇	71.73	5.89	1.57	7.46
2	南窖乡	41.65	10.88	4.2	15.08
3	青龙湖镇	99.37	18.34	15.25	33.59
4	佛子庄乡	142.87	45.80	4.88	50.68
5	霞云岭乡	213.64	87.58	5.64	93.22
6	周口店镇	90.10	36.26	15.41	51.67
7	张坊镇	113.39	36.37	30.69	67.06
8	十渡镇	162.00	73.96	2.59	76.55
9	城关街道	52.25	11.00	1.57	12.57
10	史家营乡	110.47	46.47	0.05	46.52
11	蒲洼乡	90.35	18.59	0.72	19.31
12	大石窝镇	78.46	7.77	41.69	49.46

续表 6-6

序号	乡镇名称	面积	轻度以上土壤侵蚀面积		
			轻度侵蚀	中度侵蚀	小计
13	大安山乡	59.86	16.15	5.11	21.26
14	韩村河镇	51.98	21.16	12.26	33.42
15	长沟镇	17.36	0.05	4.23	4.28
	合计	1395.48	436.27	145.86	582.13

说明：本数据为 2000 年土壤侵蚀遥感调查数据。强度分级：微度为土壤侵蚀模数小于 200 吨每平方千米每年，无侵蚀；轻度为土壤侵蚀模数 200～2500 吨每平方千米每年；中度为土壤侵蚀模数 2500～5000 吨每平方千米每年；强度为土壤侵蚀模数 5000～8000 吨每平方千米每年

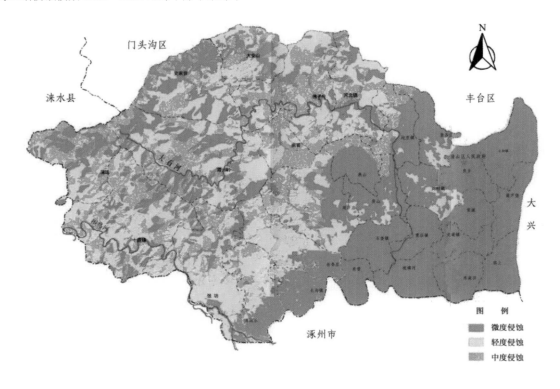

图 6-3 房山区土壤侵蚀强度分布图

在土壤侵蚀遥感调查的基础上，市政府于 2000 年 3 月 23 日下发了《北京市人民政府关于划分水土流失重点防治区的通知》，按照水土保持重点预防保护区、重点监督区、重点治理区划分标准，房山区水土流失重点防治区划分情况为重点保护区 739 平方千米，重点监督区 530 平方千米，重点治理区 598 平方千米。根据《中华人民共和国水土保持法》和《中华人民共和国水土保持法实施条例》的规定，县级以上人民政府应当依据水土流失的具体情况，划定水土流失重点防治区，水土流失重点防治区划分为重点预防保护区、重点监督区和重点治理区，以下简称"三区"。"三区"划分的目的在于使社会

认识水土保持，让每个公民自觉遵守《中华人民共和国水土保持法》，并对破坏水土资源、造成水土流失的行为实施社会性的监督。

重点预防保护区指水土流失较轻，林草覆盖度较大，但存在潜在水土流失危险的区域。总面积 739 平方千米。该区的重点是保护好现有植被和水利水保设施，防止乱砍滥伐、陡坡开荒和生产建设、挖砂采石、堵塞河系水网等人为造成水土流失的发生，同时做好局部地区的土地复垦，宜林则林，宜水则水，不断加强和改善水土保持生态环境建设。重点监督区指资源开发和基本建设活动较集中和频繁，损坏原地貌，易造成水土流失，水土流失危害后果较为严重的区域。总面积 530 平方千米。该区的重点是做好以水土保持方案管理为中心的水土保持监督执法工作，促进从事生产建设活动可能引起水土流失的单位和个人认真履行水土保持法规规定的职责，防止因开发建设等活动造成新的水土流失。重点治理区指原生的水土流失较为严重，对当地和下游造成严重水土流失危害的区域。总面积 598 平方千米。该区的重点是治理水土流失，改善当地生产生活条件和生态环境，增强抗御干旱、山洪、泥石流等自然灾害的能力，有计划地开展综合防治，做好以小流域为单元的水土保持生态建设工作。

房山区水土流失防治工作主要以土壤侵蚀遥感调查成果为基础，根据"三区"划分，有计划地开展重点治理，做好以小流域为单元的水土保持生态环境建设。重点预防保护区以保护好现有植被和水利水保设施，防止人为造成水土流失，不断加强水土保持和生态环境建设为重点；重点监督区做好以开发建设项目水土保持方案管理为中心的监督和执法工作，防止因开发建设等活动造成新的水土流失；重点治理区主要是治理水土流失，改善当地群众生产生活条件和生态环境，增强抵御干旱、山洪、泥石流等自然灾害能力。

1991—2010 年水土保持生态环境建设分两个阶段。第一阶段为 1991—2003 年，以保持水土为重点，以小流域为单元实施小流域综合治理。水土保持生态环境建设工作全面贯彻"预防为主、全面规划、综合防治、因地制宜、加强管理、注重效益"的工作方针，坚持以小

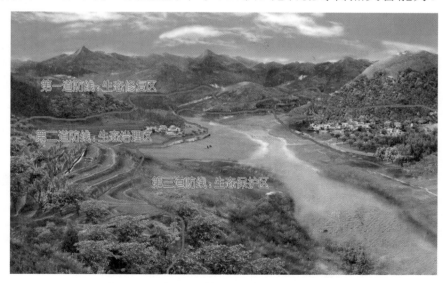

图 6-4　水土保持"三道防线"示意图

流域为单元，山、水、田、林、路统一规划，灌、蓄、拦、排、节综合治理，在治理上由以工程措施为主转向工程措施与生物措施相结合，建设了蒲洼水土保持综合治理示范小流域和试验示范基地，取得了较好的社会、生态和经济效益。1991—2003 年，全区累计治理水土流失面积 788 平方千米。第二阶段为 2004—2010 年，以保护水源为中心，构筑"三道防线"，建设清洁生态小流域。水土保持生态建设工作按照"保护水源、改善环境、防治灾害、促进发展"的总体要求，以构筑"生态修复、生态治理、生态保护"三道水土保持防线为重点，建设清洁型小流域。先后重点建设了南泉水河小流域、马鞍沟小流域、东关上小流域等。

2001 年，北京市水土保持工作总站利用"3S"技术，以 1∶10000 的电子地形图作底图，运用地理信息系统软件对北京市山区进行小流域划分，得到房山区山区 77 条小流域边界矢量数据，并且小流域名称代码纳入北京地标"北京市水利工程名称代码"。

2001 年 3 月，国家正式启动京津风沙源治理工程，建设内容分为林业措施、农业措施、水利措施和生态移民 4 个方面。

2003 年，结合水土保持工程建设和村镇环境综合整治，因地制宜地在水源保护区村镇推广建设小型污水处理工程和污水处理设施。

根据水利部、财政部《关于实施全国水土保持生态环境建设"十百千"示范工程的通知》和《全国水土保持生态环境建设"十百千"示范工程实施管理办法》，2002 年房山区被命名为全国水土保持生态建设示范县，示范小流域 3 个，分别是霞云岭乡四马台小流域、蒲洼乡蒲洼小流域和河北镇半壁店小流域。

截至 2010 年年底，通过实施的房山区京津风沙源治理工程、北京市水土保持生态清洁小流域建设，以小流域治理为主线，采取雨水利用、排水沟、植被恢复、挡墙、护坡以及临时防护措施，落实水土流失防治费 3.67 万元，减少水土流失 6.68 万吨，全区累计治理小流域面积 490.96 平方千米，使开发建设项目人为造成水土流失得到了有效控制。

第二节　重点小流域治理

四马台小流域　位于霞云岭乡西北部，流域面积 18.5 平方千米，其中水土流失面积 16.2 平方千米，占流域面积 87.6%。该小流域综合治理分两个阶段，1950—1988 年为第一阶段，治理水土流失面积 3.5 平方千米；1989—1998 年为第二阶段。累计建塘坝

3座、蓄水池180座、谷坊坝470道，其中浆砌石坝160道，架设输水管道30千米，发展节水灌溉面积153.33公顷，砌筑挡渣墙600米，修排洪沟1000米，营造水土保持林810.53公顷，改良天然草场146.67公顷。至1998年，水土流失面积由12.7平方千米减少到1.9平方千米，林草覆盖率由60%提高到90.5%，水土流失侵蚀模数由763.90吨每平方千米每年下降到385.38吨每平方千米每年。1999年9月，该小流域综合治理被水利部列为全国水土保持生态建设"十百千"示范小流域。2000年3月，被水利部和财政部命名为"全国水土保持生态环境建设示范小流域"。

蒲洼小流域　位于蒲洼乡，涉及宝水、东村、富合、蒲洼4个村。流域面积40.5平方千米，其中水土流失面积36平方千米，水土流失主要以鳞片状面蚀和农田面蚀为主，土壤侵蚀模数905吨每平方千米每年。至1990年，治理水土流失面积30.2平方千米，建塘坝2座、蓄水池12座，开泉7处，干砌谷坊坝498道、浆砌谷坊坝22道，闸沟垫地85.3公顷，封山育林1000公顷，营造用材林920.0公顷、经济林246.7公顷，人工种草466.67公顷，铺设输水管道14.2千米。1991年该小流域被北京市科委列为"八五"期间北京市西南山区小流域综合治理示范研究重大科技攻关项目。项目实施过程中，推广建小水窖和推广应用FA"旱地龙"节水技术。经过综合治理，至1996年，示范区内水土流失治理率达83.9%，流域内林草面积占宜林宜草面积由52.9%上升到93%，增强了该小流域蓄水保土能力，经受了1995年7月29日4小时降暴雨92毫米的考验，土壤侵蚀模数下降到225.3吨每平方千米每年。示范区内农业产业结构由林业经营型转为林业、牧业为主兼营农业，农、林、牧土地利用比例由治理前的1.0：13.0：5.0调整为1.0：5.2：3.2，土地利用率由50.4%提高到93.1%，土地生产率由16.76万元每平方千米提高到63.28万元每平方千米，该小流域成为北京市边远山区依靠科技脱贫致富的典型。1996年该小流域综合治理获得中国气象局气象科技兴农科技扶贫工作先进集体一等奖。1997年10月，通过北京市科委组织的专家验收，1998年获得北京市政府北京市西南流域综合治理示范研究项目科技进步二等奖。1999年9月，通过水利部、财政部"十百千"示范小流域验收。2000年12月14日，被水利部、财政部命名为"全国水土保持生态环境建设示范小流域"。

半壁店小流域　位于河北镇东南部，涉及南车营、北黄土坡、北半壁店、万佛堂、三福村等7个村。流域面积12.60平方千米，其中水土流失面积9.37平方千米。1999年，该小流域被水利部列为国家生态环境建设综合治理工程项目，开始实施生态环境建设第一期工程。截至2000年，打岩石井、大口井各1眼，建蓄水池7座，坡地改梯田141公顷，干砌谷坊坝79道，营造水土保持林96.67公顷、经济林66.67公顷，铺设输水管道5.5千米。共投资360万元。2001年实施生态环境建设第二期工程，建集雨蓄水池 30 座、人工集雨场 2 万平方米，共投资 150 万元。两期工程水土流失治理率达 91.3％，新增蓄水能力 3000 立方米，新增灌溉面积 66.67 公顷。2002 年完成 30 座蓄水池联网灌溉工程，建低压管道灌溉面积 33 .33 公顷,柿树树体改造 40 公顷，柿林林下间作红小豆 20 公顷，建设了 6.67 公顷柿树网架设施。共投资 30 万元。2001 年 10 月，通过水利部、财政部"十百千"示范小流域验收。

图 6-5　河北镇半壁店小流域（2003 年摄）

黄元井小流域　位于长沟镇，涉及黄元井、六间房、三座庵等 11 个村。流域面积 16.1 平方千米，其中水土流失面积 13.8 平方千米。1995 年实施治理，1998 年该小流域被列为北京市重点治理小流域，进行山、水、林、田、路综合治理。至 2001 年，治理水土流失面积 13.8 平方千米。主要完成修路 12.5 千米，建扬水站 6 座、塘坝 3 座、蓄水池 25 座、小水窖 13 座、拦沙坝 5 座、防护坝 4 座、谷坊坝 20 道、设施大棚 40 栋，修防渗渠 11.6 千米，打岩石井 1 眼、大口井 3 眼，建沟坝地 83 公顷，改造梯田 80 公顷，修水平条田 174 公顷，封山育林 932.7 公顷，垒树盘 198 公顷、挖鱼鳞坑 196 公顷，发展果树微喷 25 公顷，营造水土保持林 161.6 公顷、经济林 66.7 公顷，铺设输水管道 10.36 千米。

红螺谷小流域　位于周口店镇西部，涉及瓦井、黄山店、拴马庄等 10 个村。流域面积 54.75 平方千米，其中水土流失面积 47 平方千米。2000 年实施治理。至 2002 年，治理水土流失面积 8.4 平方千米，建谷坊坝 15 道、蓄水池 10 座、塘坝 3 座、扬水站 3 座，修防渗渠 15 千米、排洪沟 1.5 千米，河道治理 2 千米，坡地改梯田 60 公顷，封山育林 646 公顷，营造水土保持林 60 公顷、经济林 150 公顷，铺设输水管道 5 千米。

青枫峪小流域　位于韩村河镇西北部，涉及东周各庄、孤山口等 4 个村。流域面积 13.2 平方千米，其中水土流失面积 13.2 平方千米。该流域山高坡陡，土地瘠薄，水土流失严重。为彻底改变该流域生态环境，有效控制水土流失，根据青枫峪小流域生态环境治理总体规划，2001 年一期工程治理水土流失面积 8.4 平方千米，2002 年二期工程治理水土流失面积 4.8 平方千米。累计完成坡改梯田 80 公顷，谷坊坝 15 道，排水沟 1.5 千米，打井 2 眼，建扬水站 2 座，修防渗渠 3 千米，建蓄水池 10 座，蓄水 1.5 万立方米，铺设管路 4000 米，硬化路面 3 千米，营造水保林 100 公顷、经济林（柿子）66.67

公顷，工程共动用土石方 3.2 万立方米，总用工 26.5 万个工日，工程投资 390 万元。

雾岚山小流域 位于城关街道办事处东北部，涉及后朱各庄、八十亩地两个村，流域面积 10 平方千米，其中水土流失面积 7.5 平方千米，共有耕地 133.33 公顷，可开发山坡面积 200 公顷。自 2000 年以来，在水利富民综合开发工作中，结合水土保持生态环境建设，进行生态环境建设和农业产业化立体开发工程与波龙堡葡萄酒加工企业相结合，在雾岚山下发展葡萄、杏等经济林，在山上栽植生态林。截至 2002 年，共治理水土流失面积 7.5 平方千米。累计完成集雨工程 2 处，塘坝 1 座，蓄水量 5 万立方米，打大口井 2 眼，营造水保林 80 公顷，并配套建设管灌、小管出流等节水灌溉设施，兴建休闲娱乐场所 1000 平方米，带动 70 余户农民发展农业专业种植。

青龙湖小流域 位于青龙湖镇，涉及北车营、晓幼营等 9 个村，流域面积 11.5 平方千米，其中水土流失面积 9 平方千米。1998 年开始实施小流域综合治理工程，共完成路面集雨场 4500 平方米，砌石坎梯田 66.67 公顷，整鱼鳞坑 46.67 公顷，发展樱桃、柿子等经济林 100 公顷，水保林 80 公顷，发展管灌、微灌等节水灌溉 266.67 公顷，铺设地下管道 6000 米，打井 3 眼，建泵站 6 座，蓄水池 15 座，增加蓄水能力 1.5 万立方米；治理河道 2.4 千米，建桥闸 1 座，动土石方 32 万立方米，投入工日 15 万个工日，工程总投资 1200 余万元。到 2000 年 9 月，建成标准果园面积达到 266.67 公顷，其中精品樱桃园 66.67 公顷、杏园 100 公顷、柿子园 100 公顷。

万景仙沟小流域 位于十渡镇九渡南沟，涉及新村、九渡两个村，流域面积 10.6 平方千米，其中水土流失面积 6.9 平方千米，有耕地 10 公顷。按照万景仙沟小流域综合治理工程初步设计方案，从 2000 年开始至 2002 年 5 月，共完成拦沙坝 2 座，谷坊坝 25 座，小塘坝 3 座，小水池 4 个，小水窖 15 个，坡改梯田 10 公顷，坝地 10 公顷，水土保持林 100 公顷，经济林 20 公顷，封禁治理 550 公顷，水平条田 30 公顷，树盘 20 公顷，鱼鳞坑 40 公顷，修路 5 千米，发展节水灌溉 45 公顷，其中小管出流 15 公顷、管灌 30 公顷。工程共动用土石方 4880 立方米，其中土方 2800 立方米，干砌石 3300 立方米，浆砌石 1750 立方米，投入 25.65 万工日，投资 166.97 万元。通过治理，林草覆盖率达到 81% 以上，新增蓄水能力 1.8 万立方米，改善灌溉面积 20 公顷，新增果园面积 10 公顷。

北窖小流域 位于佛子庄乡北窖西部，流域面积 10.4 平方千米，其中水土流失面积 9.7 平方千米，耕地面积 123.93 公顷。2000 年开始，实施北窖小流域综合治理。项目以生态环境建设为重点，按照涵养水源、净化水质、保持水土，坚持生态环境建设与经济发展同步进行的原则，促进农民增收。至 2002 年，项目总投资 336.1 万元，完成塘坝 2 座，扬水站 1 座，蓄水池 15 座，集雨工程 10 处，引水管道 4000 米，防洪墙 3000

米，发展节水工程 66.67 公顷，修建谷坊坝 50 道，坡改梯田 53.33 公顷，闸坝阶地 33.33 公顷，水平条田 133.33 公顷，鱼鳞坑 20 公顷，垒树盘 100 公顷，修路 10 千米，营造经济林 8.67 公顷，用材林 333.33 公顷，封禁治理 290 公顷。北窖小流域造林面积占宜林面积的 80%，林草覆盖率达到 85% 以上。

水峪小流域 位于南窖乡南部，涉及水峪、南窖两个村，流域面积 13.45 平方千米，其中水土流失面积 10.2 平方千米。2002 年，实施水峪小流域综合治理工程，投资 150 万元，治理排洪河道 2000 米，动土石方 9.2 万立方米，机械台班 1550 个，投入人工 4.27 万工日，完成整地 185.33 公顷，改造梯田 20 公顷，沟坝地 15 公顷，封禁治理 370 公顷，栽植柿子、板栗 4 万株，架设输水管线 6000 米，节水灌溉 100 公顷。

西太平小流域 位于十渡镇北部西太平村，流域面积 14.56 平方千米，其中水土流失面积 11.43 平方千米。1986 年，该流域被列为北京市水土保持综合治理重点。到 1989 年，共修建塘坝 4 座，打谷坊坝 85 道，营造水保林 66.67 公顷，人工种草 13.33 公顷，坡改梯田 3.33 公顷，闸沟垫地 3.33 公顷，封山育林 100 公顷，治理面积 80% 以上，各项指标均达到部颁标准。1990 年 8 月，通过北京林业大学、北京市水利局、北京市水科所、北京市财政局等单位组成的专家组验收，验收合格。

南泉水河小流域 位于大石窝镇北部山区、丘陵地带，涉及下庄、水头、三岔等 12 个村，流域面积 20.5 平方千米，其中水土流失面积 10.2 平方千米，占总面积的 50%，土壤侵蚀以面蚀和浅沟侵蚀为主。该流域从 1998 年开始实施综合治理工程，按照山、水、田、林、路综合治理的思路，采取集体统一组织协调、个体承包施工的经营方式。到 2002 年，累计治理水土流失面积 10.2 平方千米，动用土石方 8.5 万立方米，干砌石 1.8 万立方米，机械台班 650 个，投工 15 万个工日，平整土地 214 公顷，建高标准石坝梯田 40 公顷，发展以菱枣为主的经济林 700 公顷，水保林 400 公顷，完成连拱闸 4 座，橡胶坝 1 座，修蓄水池 12 座，配套机井 2 眼，铺设输水管路 6500 米，发展节水灌溉 100 公顷，兴修道路 4 千米。

石门沟小流域 位于大石窝镇政府东北部，涉及前石门、后石门两个村，流域面积 11 平方千米，其中水土流失面积 9 平方千米，耕地 79.47 公顷，无灌溉水源。1997 年实施水利富民工程后，按照小流域规划，进行山、水、田、林、路综合治理的原则，至 2000 年 9 月，完成投资 302.5 万元，打岩石井 1 眼、大口井 3 眼，饮水井 80 眼，架管路 2 千米，蓄水池 3 座，修防渗渠 3 千米，拦沙坝 1 座，扬水站 2 座，塘坝 1 座，防护坝 2 座，谷坊坝 7 座，修路 5 千米，建桥 1 座，坡改梯田 231 公顷，垒树盘 75 公顷，挖鱼鳞坑 55 公顷。发展节水灌溉 26.67 公顷，经济林 73.67 公顷、生态林 74.67 公顷，植树 16.8 万株，封山育林 353 公顷，发展舍饲、半舍饲养羊 3000 只。经过治理，新增灌溉面积 113.67 公顷，蓄水能力达 7.5 万立方米。

白山小流域　位于张坊镇西北部，涉及大峪沟、蔡家口、北白岱 3 个行政村和白山村场，流域面积 10 平方千米，水土流失面积 9.71 平方千米，耕地面积 334.6 公顷。1999 年至 2000 年 9 月，累计完成水土流失治理面积 9.71 平方千米。共完成坡改梯田 200 公顷，修石坝梯田 50 公顷，建设沟坝地 60 公顷，水平条田 50 公顷，挖鱼鳞坑 135 公顷，垒树盘 76 公顷，打谷坊坝 5 道，改造井站 2 处、扬水站 2 处，修蓄水池 5 个，修路 13 千米，铺设管路 3 千米，建防渗渠 4 千米。完成水土流失治理 9.71 平方千米。经治理，林草覆盖率从 40% 提高到 80%。

圣米石堂小流域　位于史家营乡柳林水北部，流域面积 13 平方千米，其中水土流失面积 8 平方千米。从 2000 年开始至 2002 年 6 月，累计完成坡改梯田 18 公顷，栽树 12 公顷，修建仿古建筑物 128 间，总建筑面积 1048 平方米；建拦沙坝 13 座、塘坝 8 座、扬水站 2 处、蓄水池 10 座、集雨工程 10 处，修路 7.6 千米、防渗渠 5 千米、引水管路 4 千米，架高压线路 3.5 千米，建旅游景点 75 处。

金鸡台小流域　位于史家营乡金鸡台村，流域面积 18.8 平方千米，其中水土流失面积 10 平方千米。1999 年以来，金鸡台小流域全面进行水土保持生态环境建设，实施"以黑养绿"政策，至 2002 年共投入资金 400 万元，造经济林 97 公顷，生态林 200 公顷，建小塘坝 1 座，蓄水池 15 个，泵站 1 处，发展节水灌溉面积 97 公顷，硬化集雨路面 1500 平方米，维护改造梯田 50 公顷，谷坊 7 道。通过生态环境建设，小流域的林草覆盖率提高到 80% 以上。

中山小流域　位于大安山乡东北，流域面积 10.08 平方千米，其中水土流失面积 8.6 平方千米。1999 年以来，为了改善本流域的生态环境，治理水土流失，兴修水土保持工程。完成建谷坊坝 5 道、小塘坝 1 座、泵站 1 处、蓄水池 12 座，营造水土保持林 45.3 公顷，以核桃为主的生态林 53.3 公顷，工程累计投资 300 万元，共动土石方 198 万立方米，用工 210 万个工日。在水土保持生态环境建设开展过程中，中山小流域先后主动关闭 7 个破坏环境严重的小煤窑，并恢复了造林种草，控制了人为水土流失，共在矿区造林 40 公顷。

下中院小流域　位于韩村河镇西北部，流域面积 11.3 平方千米，其中水土流失面积 8.2 平方千米。1995 年以来，根据小流域总体规划，以小流域为单元，兴建水利及水土保持工程，累计治理水土流失面积 8.2 平方千米。完成建蓄水池 3 座，打岩石井 2 眼，排洪沟护砌 1.5 千米，坡改梯田 33.3 公顷，建谷坊坝 15 道，修田间路 3 千米，营造水土保持防护林 90 公顷，发展苹果、柿子、核桃等经济林 53.3 公顷，铺设地下引水管路 2.7 千米，发展节水灌溉面积 53.3 公顷，封育治理 6.2 平方千米，共动土石方 5.8 万立方米。通过水土保持生态环境建设，小流域的林草覆盖率由原来的48%提高到75%以上，水土流失得到有效的控制。

上石堡小流域　位于霞云岭乡东部，流域面积20.8平方千米，其中水土流失面积16.7平方千米。1998年以来，开始进行小流域综合治理，累计治理水土流失面积8平方千米。完成建精品园53.3公顷，修环山田间路20千米、集雨工程2处，建蓄水池13座，开泉1处，发展节水灌溉面积53.3公顷，造水保林80公顷，共投资98万元，共动土石方3.45万立方米，总用工1.5万个工日。通过水土保持生态环境建设，使上石堡生态环境得到改善，水土流失得到有效的控制。

第三节　监督管理

自1991年6月29日《中华人民共和国水土保持法》颁布以来，房山区建立健全水土保持管理体系，加强了水土流失监测工作，成立了区、乡、村（矿）三级水土保持监督管理机构，在组织实施、综合防治、规范水土保持方案审批、加强行政执法监督、健全配套法规、制度和水土保持生态环境监督管理规范化建设、依法防治人为水土流失等方面取得了一定的成效。

依据水利部《水土保持生态环境监测网络管理办法》的规定，依托小流域综合治理试点及示范研究，1999年建立了房山区蒲洼小流域水土流失监测站，布设了14个标准坡面径流小区，3个沟道卡口站。作为长期水土流失监测点，建立了监测站点管理机构，配备了必要的监测设施设备，获取了可靠的水土流失监测数据，为探索北京市西部太行山地区的水土流失规律和特点提供了多年的数据支持。

2001年，房山区成立区水土保持监督管理领导小组，下设办公室，设在房山区水土保持监督管理站，行使水土保持行政管理权。乡镇一级也相应建立了水土保持监督管理领导小组，下设水利水保管理服务站，负责房山区域水土保持监督管理工作。山区、丘陵区183个重点预防监督行政村和297个矿点开发建设单位都设有水保管护员和联络员。

2004年，建成了北京市水土保持监测数据管理系统，房山区水土保持监督管理站设置分中心，从2004年汛期起，应用该系统对房山区的观测数据完成采集、录入、编辑和分析。2007—2010年，山区坡地汛期共产生地表径流3.53亿立方米，流失土壤168.28万吨，流失总磷26.66吨，流失总氮130.43吨。山区各项坡地水土保持措施共蓄水1284.72万立方米，减少土壤流失158.62万吨，减少总磷流失3.43吨，减少总氮流失42.56吨。

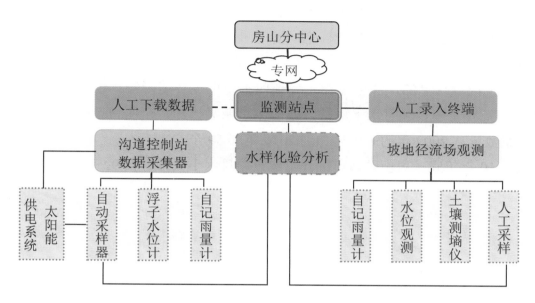

图 6-6　房山区水土流失监测系统示意图

在水土保持监督管理工作中，房山区制定了《房山区执行〈北京市实施《中华人民共和国水土保持法》办法〉》《房山区开发建设项目水土保持方案审批管理程序》《房山区水土保持设施补偿费、水土流失防治费收费标准和使用管理办法》等规章制度，认真抓好"三权"（即水土保持方案审批权，水土保持设施补偿费、水土流失防治费的收费权，水土保持监督检查权），强化管理职能，基本形成了一个完整的执法体系。

1993 年，北京市开始水土保持设施补偿费和水土流失防治费的征收工作，按水土保持设施损毁面积 2 元每平方米和水土保持工程设施按其恢复同等标准的工程造价计收的征收标准；水土保持设施补偿费实行分级管理，80％留区水土保持管理部分使用，20％上交市水土保持管理部门。1999 年，北京市对水土保持补偿费征收管理使用办法进行了调整，调整后的规定要求水土保持补偿费全部上缴财政，并根据支出需要由市财政局返还 70％。

1995 年、2001 年和 2004 年，房山区三次开展水土保持的针对性调查摸底工作，明确水土保持监督管理对象，保障水土保持监督工作的开展。为加强开发建设项目水土保持工作的规范化建设和管理，房山区水土保持监督管理站开展开发建设项目水土保持执法检查，在监督执法中除抓好审批水土保持方案，收缴水土保持设施补偿费、水土流失防治费，用好"三权"的同时，重点加大了水土保持违法案件的查处力度。截至 2003 年 6 月底，共收缴水土保持设施补偿费 51 万元（根据北京市相关文件要求，2003 年 7 月 1 日起终止征收）。

2009 年 2 月，市水务局联合市环保局、市发展改革委下发《关于加强开发建设项目水土保持工作的通知》。通知要求，涉及水土保持的建设项目，建设单位在向环境保护主管部门申报环境影响评价文件时，应取得水土保持方案审批同意的意见，没有水土保持方案审批同意意见的，环境保护主管部门不得批准环境影响评价文件。房山区自 2010 年起审批开发建设项目水土保持方案的数量明显增加，全区审批开发建设项目水土保持方案数量从 2009 年的 6 个增加到 2010 年的 59 个。

截至 2010 年年底，房山区共审批开发建设项目水土保持方案 92 个。

第七篇　节约用水

第一章　用水管理

20世纪80年代起，房山区节约用水工作开始进行规范管理，区政府成立节约用水办公室（以下简称"区节水办"），负责城镇生活和企业节约用水等工作，加强水资源的管理，部署落实节水措施。通过每年下达计划水量指标，定期考核，依法收取水资源费等工作，不断推进节水工作。

第一节　计划用水

自1986年起，北京市非居民用水单位全部实行计划用水。1991—2010年，房山区对非居民用水单位实行计划用水管理，截至2010年，房山区计划用水单位为526个，年计划用水量达到24422万立方米。

根据全区水资源形势及供水能力和市节水管理部门每年下达给房山区的用水计划指标，以供定需，在严格控制用水总量的前提下，兼顾用水单位的用水水平和实际生产、生活用水需求，鼓励单位计划用水、节约用水、合理用水，确保房山区用水安全。

区节水办依据北京市统一的政策和各用水单位上一年度的实际用水量和新一年的实际情况，对管理的非居民用水单位进行计划总量分配，并与用水单位将单位年度计划量按考核段、按水源进行分配。节水部门下达各单位的计划用水指标，作为单位年度考核计划用水的依据。

1991—2010年房山区计划用水统计表

表 7-1   单位：万立方米

年份	工业用水	农业用水	生活用水	合 计
1991	—	—	—	—
1992	—	—	—	—
1993	—	—	—	—
1994	—	—	—	—
1995	—	—	—	—
1996	—	—	—	—
1997	3000	19400	3000	25400
1998	3000	19000	3000	25000
1999	3000	19000	3000	25000
2000	3000	21000	3000	27000
2002	3722	18144	3722	25588
2003	2400	15993	2400	20793
2004	3850	16000	3850	23700
2005	3995	16000	3995	23990
2006	8262	15900	8262	32424
2007	5701.5	15819	5701.5	27222
2008	5080	15790	5798	26668
2009	5150	15590	6119	26859
2010	4805	13700	5917	24422

说明：表中"—"表示数据缺失

　　农业用水基本上是逐年递减的趋势，工业用水随着企业的增加而增加，居民生活用水2006年用水量达到最高值。

　　所有用水单位必须取得当年的计划用水指标，没有指标的，按《北京市节约用水办法》的规定，处以2万～10万元罚款；工程施工未取得临时用水指标的，处以5万元以下的罚款；供水单位擅自向未取得用水指标单位供水的，处1万～10万元罚款。用水单位如果超出用水指标用水，除缴纳水资源费外，还要收取累进加价水资源费：超出规定数量20％（含本数）以下的部分，按照水资源费的5倍标准收取；超出规定数量20％～40％（含本数）的部分，按照10倍标准收取；超出规定数量40％以上的部分，按照15倍标准收取。

第二节　水资源费收缴

1993年，房山区依据《北京市水资源管理条例》等有关规定，对自备井取水单位开始征收水资源费。收取的水资源费每年全部上缴区财政，由区财政部门统一管理，并按比例上缴市财政部门。

1993—2010年房山区水资源费征收统计表

表7-2　　　　　　　　　　　　　　　　　　　　　　　　　　　　　单位：万元

年份	征收金额
1993	161.31
1994	—
1995	164.70
1996	212.03
1997	224.98
1998	260.81
1999	342.46
2000	432.21
2001	676.33
2002	616.40
2003	1527.98
2004	1663.06
2005	2474.81
2006	2322.75

续表 7-2

年份	征收金额
2007	1796.26
2008	2544.32
2009	2977.69
2010	4758.08
合计	23156.18

说明：表中"—"为数据缺失

截至 2010 年，随着全市水资源紧缺状况加剧，征收标准有过多次调整。水资源费由三部分构成，即在年度计划指标内用水，按表 7-3 收费标准收取水资源费；在年度计划指标外用水，经水行政主管部门审批新增加的水量，收取一次性水资源费（1994—1999年称地下水资源养蓄基金）；对未经审批超计划用水执行累进加价收费。

1991—2010 年房山区地下水资源费征收标准一览表

表 7-3 单位：元每立方米

执行日期	地下水资源费征收标准						自来水公司集中供水
	城镇生活、工业	镇村企业	产纯净水	洗车业	洗浴业	农业	
1991 年 12 月 20 日前	0.02	0.02	0.02	0.02	0.02	0.02	0.02
1991 年 12 月 20 日	0.1	0.02	0.02	0.02	0.02	0.02	0.02
1996 年 4 月 1 日	0.16	0.02	0.02	0.02	0.02	0.02	0.02
1997 年 12 月 1 日	0.2	0.02	0.02	0.02	0.02	0.02	0.02
1998 年 9 月 1 日	0.3	0.02	0.30	0.02	0.02	0.02	0.02
1999 年 11 月 1 日	0.4	0.02	0.60	0.02	0.02	0.02	0.02
2000 年 11 月 1 日	0.8	0.02	2.00	0.02	0.02	0.02	0.02
2002 年 2 月 1 日	1.2	0.20	3.00	0.02	0.02	0.02	0.3
2003 年 2 月 1 日	1.5	0.40	4.00	1.50	1.5	0.04	0.6
2004 年 8 月 1 日	2.0	2.00	40.0	40.0	60	0.04	1.1

续表 7-2

执行日期	地下水资源费征收标准						自来水公司集中供水
	城镇生活、工业	镇村企业	产纯净水	洗车业	洗浴业	农业	
2009 年 11 月 20 日	2.3	2.00	60.0	60.0	80	0.04	行政事业：1.32；工商业：1.44；宾馆、餐饮：1.16；洗浴、洗车、纯净水：21.1
2009 年 12 月 22 日	2.3	2.00	60.0	60.0	80	0.04	居民生活：1.26

　　水资源费执收部门　1993 年 6 月前由区节水办负责自备井供水单位征收水资源费。1993 年 7 月至 2001 年，区节水办和区水利局按照各自管辖范围对自备井供水单位征收水资源费（同时代收污水处理费），其中区节水办管辖房、良两城国有企业、事业单位、部队自备井供水户，各乡镇用水大户、乡镇供水户由区水利局负责。2002 年 3 月区节水办划归区水资源局。2002—2010 年，区水资源局负责全区企事业自备井用水管理并征收水资源费（同时代收污水处理费）。区自来水公司取用地下水缴纳的水资源费直接交区节水办，年底区节水办把收取的水资源费全部上缴区财政。

　　按照市政府有关规定，全区征收的水资源费用于水资源勘测、评价、监测、保护、管理、地下水资源养蓄，及节水技术改造等方面的补助。

第二章　节水宣传与节水创建

　　自 2002 年《中华人民共和国水法》颁布实施以来，房山区每年采取各种不同的形式来宣传水资源的重要性、短缺性和紧迫性。每年召开节水工作大会，表彰节水先进，通报水资源形势，动员部署区属各部门参与节水工作；通过发放节水材料和节水宣传品，推广节水措施与方法；利用广播、电视、黑板报、墙报、宣传画、宣传栏、宣传点、书籍、报纸等讲解水资源的重要性和可持续发展的重要意义；利用世界水日、节水宣传周等纪念日进行大力宣讲；组织单位相互参观、考察、学习节水经验，开阔视野，创新节水意识；通过节水宣传，使节水工作在各单位不断深入开展。

　　房山区的节水创建工作由机关企事业单位开始逐步扩展到家属区、居民区、社区、街道，最后发展为全区各个单位和每个居民小区。主要考核家庭、单位节水器具普及率、人均用水量、设备设施漏水率等。创建工作得到广大居民、单位的支持。经过几年的努力，由节水型单位、小区向着节水型区县迈进。

第一节　节水宣传

　　区节水办 2002 年划归区水资源局，从 2003 年起，区水资源局每年坚持在世界水日、节水宣传周期间召开全区节水动员大会，每次都有区领导参加并做动员讲话。大会主要内容是分析水资源形势，总结上一年的节水情况，部署当年的节水工作，表彰先进典型，通报浪费用水单位。

图 7-1　2005 年 3 月召开房山区水务管理节水工作会

随着节水宣传工作不断推进，节水工作在房山区各行各业有序展开，节水模式在全区推广，节水型单位、小区逐渐增多，节约、珍惜、保护水资源的意识不断增强。

　　1991 年后，全区围绕保护水资源，节约用水，普及节水知识，提高全民节水意识，建设节水型社会等方面开展了多种多样宣传活动，城乡居民对节水工作的认识和关注程度不断提高。节水工作人员进用水单位宣传节水政策，指导单位用水，加强管理，营造节水氛围。

　　1993 年，由第 48 届联合国大会确定每年 3 月 22 日为"世界水日"；"中国水周"由水利部确定，1993 年以前为每年 7 月 1 日至 7 日，1994 年起改为每年的 3 月 22 日至28 日；"全国城市节水宣传周"为 1992 年由住房城乡建设部确定每年的 5 月份第二周。

以上述宣传日为契机，全方位开展节水宣传，包括利用广播、电视等媒体宣传节水法规、节水知识、介绍节水小窍门和缺水形势教育；在人群聚集场所布置节水宣传展板，发放节水宣传资料，现场解答群众咨询的有关节水问题。

2005年，在府前广场设立主会场，居民小区设立分会场，举办了"保障饮水安全，维护生命健康"为主题的宣传活动，并请区、局领导在房山电视台做关于水务管理和节水工作方面的讲话，发布区"世界水日""中国水周"宣传口号。利用《房山报》制作宣传专版。主要包括：区领导的讲话，取水许可执行情况、水法规摘录、节水先进个人节水先进单位名单等。

2009年，区水务局与房山区电视台共同制作了多媒体节水宣传片短片《节约用水从我做起》，免费发放给学校、社区。

截至2010年，区节水办在学校、社区多次开展节水教育大讲堂活动，引导中小学生关注节水养成节水习惯，向社区居民普及节水知识及推广节水器具，在社区娱乐活动增加节水宣传内容。结合节水型企业（单位）、节水型居民小区创建工作，与创建单位联动开展节水宣传，增强节水意识，落实节水行动，自觉参与监督举报非法用水和浪费用水现象。每年的"世界水日""中国水周""城市节水宣传周"都是全区宣传节水高潮阶段。

"全国城市节约用水宣传周"期间，连续举办九届"惜水富康杯门球赛"，每次参赛规模近300人，充分发挥退休老干部思想觉悟高、责任心强的优势，使这些老年门球队员成为义务的节水宣传员。发扬他们的节水爱水精神，不但从自身做起带头节约用水，还向自己的家人、邻居进行节水宣传，引领节水护水风尚，时刻践行节水理念，为提高大众节水意识和家庭节水效益，推动城市节水和房山区节水型社会建设起到了积极的作用。

为让更多的人参与到"保护水环境，共建美好家园"的公益活动中来，在广大农村开展"美丽首都巾帼行"节水宣传活动，向女性居民们介绍房山区的水资源紧缺形势，通过她们向身边人传达"保护水源、爱护水环境，人人有责"的社会责任，为全面促进水资源节约、水环境保护，建设美丽房山传递正能量。

为提高人们节约用水、保护水环境、广泛传播节水知识和推广节水技术，节水宣传活动深入到村庄、社区、企事业单位和机关单位、医院、学校及公园等多地，动员各行各业积极行动起来，采取有效手段开展节水活动。

节水宣传进社区　随着节水型居民小区建设工作开展，节水宣传进社区工作也扎实的开展，有创建计划的居民小区，有序开展节水知识讲座、节水器具换装等宣传活动，在小区开展文明沐浴1～9（少洗1分钟，节约9升水）活动，倡导文明节水沐浴习惯。

节水宣传进校园　把水情教育纳入中小学教育体系，将水资源节约保护的知识纳入学校教育内容。重点在全区各类学校中开展节水护水知识竞赛活动，广泛开展节水型学校创建。组织参观水源地、节水展馆等参观活动，让学生掌握节水知识，树立下一代节水护水观念。加强校园节水护水志愿者队伍建设。

节水宣传进医院 根据医院用水特点，在创建节水型医院重点宣传，在各用水点张贴节水提示牌，在显著位置张贴宣传画，电子屏播放节水内容。

节水宣传进公园 在公园景区开展节水护水宣传工作。针对景区内人员流动性大的特点，制作多套节水宣传展板及节水灯杆道旗，向游人宣传节水理念。

节水宣传进企业 针对大中型企业进行节水宣传活动。结合节水型企业创建工作，企业设立节水组织机构，建立用水台账，争当节水典型。

节水宣传进机关 党政机关在节水护水活动中起表率作用。重点党政机关自行开展节水宣传活动，并根据创建要求做好水平衡测试，换装节水器具等节水工作。

节水宣传进村庄 针对参加节水型创建的村庄，大力开展农业节水技术改造。发放宣传知识手册及节水宣传品，宣传节水理念，提高农业用水效率，争创节水示范村庄。

除上述这些宣传活动，为营造良好的节水氛围，从 2009 年开始陆续进行节水文化墙建设，在公交站亭滚动展示节水宣传画。制作宣传品、节水知识手册，共发放 4 万余份。组织节水典型单位之间相互参观、考察、学习节水经验，开阔视野，创新节水意识。

图 7-2　2008 年韩村河镇东营村节水宣传

第二节　节水创建

从 2002 年起，房山区节水型企业（单位）、小区创建工作开始，按照全市节水工作要求，全区启动了创建节水型企业（单位）、节水型居民小区工作。特别对月用水量达 2000 立方米以上的企业（单位），集中住宅达 200 户以上的小区，以及经济较发达的一些村庄，被确定为每年节水创建的重点。

创建节水型企业（单位），首先完成单位用水水平衡测试工作，掌握单位用水现状，以此作为创建节水型企业（单位）的重要考核指标。通过测试找出单位用水存在的问题，并针对问题进行整改，同时提出近期节水计划和远期节水规划。然后对单位的节水规章制度、原始台账、指标分解、节水宣传、查表记录等基础资料进行整理归类。对本单位的各部门用水进行分析，从用水重复利用率、水表计量率、用水设施漏水率、落实节水管理组织、用水定额管理等方面进行指标考核，提出下一年度的节水目标。在各单位完成创建前期准备后，对其进行验收。各单位首先根据要求对本单位创建工作进行自检、自查，按照百分制进行考核。节水管理部门根据节水型企业（单位）标准，联合验收组对申请单位进行验收。验收小组进行现场考核，听取申报单位关于开展创建活动的汇报；审阅申报材料的原始资料；现场抽查创建单位的用水设备、设施及节水措施；组织评审，现场评分并提出验收意见。

1997 年，《北京市节水型居民小区标准》颁布，开始在市区开展节水型小区创建试点建设。2005 年 7 月，北京市对《北京市节水型居民小区标准》进行修订，编成《北京市节水型居民小区考核办法》及《北京市节水型居民小区考核标准及说明》。按照考核标准节水型小区创建工作主要在房山区开展。市节水办负责组织全市节水型小区的创建活动，房山区节水管理部门负责本辖区内节水型小区创建工作。节水型居民小区创建活动实行自查考核制度。创建小区对照节水型考核标准进行自查，考核采取百分制，指标分为定量考核和基础管理两部分，涵盖用水器具漏水率、节水器具普及率、人均用水水平、组织落实、小区公共用水无违章现象、经常开展节水宣传 6 项内容。自查时要对全面情况做出说明，对未达到标准要求或用水中存在问题的，要做好记录并及时进行整改。

创建企业（单位）、小区通过区节水部门培训、指导，达到考核标准经市级验收合格后，市水务局予以命名并颁发荣誉证牌。区级验收合格的，区水务局颁发区级荣誉证牌。市水务局每年还要对已获得命名的企业（单位）和小区按一定比例进行复查，复查不合格者将取消命名。区节水部门对创建达标企业（单位）、小区每两年按一定比例复查，不合格者取消命名。

2002—2010 年，全区有 79 个企业（单位）、29 个居民小区通过节水创建验收。其中市级节水型企业（单位）74 个，包括北京师范大学良乡附属中学、北京市房山区第一医院等单位；市级节水型居民小区 26 个，包括北潞园小区、昊天温泉家园小区等；区级节水型企业（单位）5 个，节水型居民小区 3 个。

第三章　节水技术应用

20 世纪 90 年代，房山区支持蒸汽冷凝水回收、工业冷却水循环、污水再生水利用和雨水收集利用技术示范试点建设，节水效果明显。大力推广节水器具，节水器具的普及率逐年增加。进入 21 世纪后，鼓励使用再生水，房山区推广设施农业和精准灌溉，污水处理厂、雨水收集利用工程兴建等，有效提高了节水效果。

第一节　重点领域节水措施

农业节水　农业节水工作的开展主要从 4 个方面来进行：一是大力发展农业节水灌溉。随着节水型村镇建设的开展，大力推广农业高效精准灌溉，把土渠、渠道防渗、管灌等地面灌溉改为滴灌、渗灌、微喷等更高效的节水灌溉方式。二是调整农业种植结构。大力发展设施农业和养殖业，推广种植节水抗旱蔬菜和农作物。三是大力推广农艺节水。采取的农艺节水措施包括：土壤保墒、土壤整备、生物品种改良、种植结构优化、规模化发展等。四是雨洪水、再生水在农业的利用。在适宜的地区采用雨水、再生水灌溉，替代新鲜水，减少新鲜水的取用。

工业节水　工业节水主要在支柱产业内推广节水措施、加强用水管理、培养职工节水意识、杜绝跑冒滴漏、使用节水器具等几个方面来推进；在推广工业节水措施上加大力度，主要包括：锅炉冷凝水闭式回收、间接冷却水循环使用、节水工艺改造、一水多用或再生水回用、制水工艺改造等。

生活节水　生活节水方面，主要推广使用节水器具，对严重漏损老化的供水管网进行改造，以降低漏损和能耗。逐年对各个居住小区入户更换节水坐便器、水龙头、淋浴器等节水器具，对各企事业单位、宾馆、饭店、学校的生活用水，更换节水龙头、红外线节水开关等器具。

在各企事业单位实行定额管理，随时检查或抽查有无跑、冒、滴、漏等浪费水的现象，提高再生水利用率，实施节约用水的奖惩制度，以促进各单位的节水意识。

其他方面节水 绿化、美化、净化空气等环境用水，能够利用再生水的一律使利用再生水。绿地建设节水灌溉方式主要推广微喷和滴灌，做好雨水收集利用工作，调整种植结构，在不影响景观效果的前提下，坚持节约用水的原则。

在水资源开发利用控制方面，首先把关的是水资源论证。日取水量大于 30 立方米的建设项目必须进行水资源论证，论证结果对本地地下水无影响，且通过专家组评审，方准予更新机井或增加取水量。按照《北京市人民政府关于实行最严格水资源管理制度的意见》，"各区县一律不再批准新增机井"。其次是取水许可审批。年用水总量 5 万立方米以下的，由房山区水务局审批，市水务局备案；年用水总量 5 万立方米以上的，由市水务局审批，其中年用水总量超过 50 万立方米的，由市水务局报市政府批准。截至 2010 年，房山区共办理水资源论证 47 项，办理取水许可 254 件。

在节水设施"三同时"管理方面。新建、改建、扩建建设项目的节水设施必须与主体工程同时设计、同时施工、同时投入使用。节水设施包括节水器具、工艺、设备、计量设施、再生水回用系统和雨水收集利用系统。规划设计单位要按照国家和本市的节水标准和规范进行节水设施设计，并单独成册。节水设施设计方案报节水办审核，未经节水办审核或者审核不合格的，该建设项目的立项文件不得作为发放建设工程规划许可证等后续许可的依据。节水"三同时"实施以来，房山区共审批节水设施 125 项。

第二节 雨水收集利用与节水器具推广

雨水收集利用 从 2006 年开始，针对全区机关企事业单位集中建设雨水利用工程，将所收集的雨水进行再处理，用于小区的景观湖和绿化，既节约了水资源，又缓解了城区防汛排水压力。截至 2010 年，共建设雨水收集利用工程 27 项，共建设封闭雨水收集池 4593 立方米，人工湖 37000 立方米，铺设透水砖 6.5 万平方米，每年可收集利用雨水约 70 万立方米，总投资 1400 多万元。

北京市昊华物业管理有限责任公司雨水利用工程 2006 年 4 月开工建设，2007 年 3 月竣工，共铺设透水砖 2500 平方米，建设下凹式绿地 30000 平方米。

北京锦绣花园雨水利用工程 2006 年 4 月开工建设，2007 年 6 月竣工，建设封闭式水池 1 座，容积为 220 立方米，每年收集的雨水用于补充人工湖用水和单位内部绿化用水。

北京农业职业学院雨水利用工程 2007 年 4 月开工建设，5 月竣工。每年可收集雨水 6000 立方米，收集的雨水主要用于灌溉和绿化之用。

北京农村商业银行房山支行雨水利用工程　2007年5月开工建设，6月份竣工并投入运行，共建设雨水收集池1200立方米，雨水收集管道约600米，每年可收集雨水约6000立方米，所收集雨水用于绿化和洗车。

北京市昊塔招待所雨水利用工程　2007年5月开工建设，6月竣工，建设雨水收集池50立方米1处，雨水收集管道约200米，每年可收集雨水约300立方米。

北京京煤化工有限公司雨水利用工程　2008年5月开工建设，7月竣工，工程总投资98万元。建设封闭式雨水收集池225立方米、敞开式雨水收集池1956立方米，铺设下凹式绿地5600平方米。每年可利用雨水约5万立方米，收集的雨水用于单位内部绿化、景观、防火。

北潞春小区雨水利用工程　小区占地18万平方米，建筑面积15.5万平方米，绿地面积6.3万平方米。每年绿化用水约为5万立方米，小区内部雨水管线完整，污水管线与雨水管线分开铺设，且建筑物周围雨水管线完整。小区内建筑物、硬化路面、学校操场等雨水汇集面积较多，而且小区内坡屋顶平面投影面积较大，可利用率高。该雨水回用工程改造人工景观湖1个，容积3000立方米。总投资58万元。每年可收集雨水5.8万立方米。

长沟镇政府雨水利用工程　2007年3月15日开工建设，5月28日竣工。该项目雨水利用工程建设蓄水池200立方米，年可收集雨水800立方米。

长阳镇雨水利用工程　2007年3月15日开工建设，5月30日竣工。该项目雨水利用工程建设蓄水池180立方米，年可收集雨水720立方米。

房山区石楼粮食收储库雨水利用工程　2008年2月开工建设，6月竣工，工程总投资75万元，建设封闭式雨水收集池1000立方米，铺设下凹式绿地1200平方米。年可收集雨水约6000立方米，所收集的雨水用于单位内部绿化、防火用水。

节水器具推广　2004年，按照北京市对企事业用水单位提出的"六必须"要求，即必须使用节水器具，职工浴室必须安装冷热水混水器和节水型淋浴装置，绿化必须采用节水灌溉方式，景观用水不得使用自来水，单位内部洗车使用自来水必须配套水循环装置，单位对外出租房屋用水必须单独装表计量。2002—2010年，共推广换装、新装节水器具15万件。企事业单位更换节水坐便器、淋浴器、水龙头、红外线节水控制开关，共计换装59000套件。

居民小区更换节水坐便器、淋浴器、水龙头。2002年全区更换节水器具2800套件；2003年更换节水器具15000套件；2004年更换节水器具12200套件；2005年更换节水器具21000套件；2006年更换节水器具22000套件；2007年更换节水器具10000套件；2008年更换节水器具5000多套件；2009年更换节水器具3000套件；2010年更换节水器具3592套件。

第八篇　水务科技及信息化

第一章　水务科技

　　20 世纪 90 年代以前，房山水利科技工作主要围绕防汛抗旱、水利工程建设、节水灌溉、水土保持等方面开展水务科学研究及新技术、新材料、新成果的应用推广。进入 90 年代以后，随着水务科技人才的引进，科技队伍的不断壮大，水务科技工作的重点逐渐向水资源开发利用保护、防洪调度、水环境改善、城镇供水、污水处理回用、节约用水、雨洪利用、水土保持等方面转变，进行深入研究、试验示范，开展了与高校、水务科研单位之间的交流合作，引进和推广了国内外的先进科学技术，取得了一定的科研成果，为提高水务建设的水平和质量发挥了重要作用。

　　1991—2010 年，房山水务系统获得市级三等奖以上的科学技术奖 18 项。

第一节　水务科学研究

　　水资源普查与水利化区划研究　1990 年 10 月至 1991 年 6 月，区水利局组织技术人员开始水资源普查与水利化区划课题研究。该课题在《房山县水资源普查及水利化区划（1982 年）》成果的基础上，对全区水资源数据进行调整，编制了"房山区水利化区划表""区域规划图""1989 年地下水开采模数图""1989 年地下水水位线及埋深图""水利工程现状图"等。对 1989 年水资源平衡作出分析，对 1995 年、2000 年水资源利用的供需关系作出预测，分析了房山区地表水和地下水资源开发利用现状和存在问题，提出了治理措施。治理措施主要有：在山区拦蓄地表水，涵养地下水，在平原区利用现有水利工程设施调度地表水，推广农业节水技术，减少地表水流失，加强工业和城镇节水以及循环用水管理，开发污水利用，搞好水资源保护。

1991 年 9 月 13 日，该研究课题通过由北京市水利局、北京市水文地质工程公司、北京市城市规划研究院、北京市水利规划设计研究院等单位专家组成的专家组鉴定。该研究成果于 1992 年 2 月获房山区科技进步一等奖，获得北京市水利局科技进步一等奖。

冬小麦节水灌溉试验研究　1987 年 9 月至 1989 年 6 月，受北京市水利局委托，清华大学水利系和房山区水利局、交道乡水管站共同协作，对冬小麦进行节水灌溉试验研究。试验地点在交道二街村，将原来地面渠输水灌溉改为低压管道输水灌溉，并用移动式多孔软塑料管将灌溉水直接输入畦内，采取监测土壤墒情制定灌水方案，浇"关键水"，按调蓄原则将水存储于土壤中，减少灌水次数，减少表土蒸发，使灌溉水充分、有效利用，达到节水的目的。

试验研究主要项目有调查土壤剖面和土壤质地，测定不同土层土壤干容重和水分含量、田间持水率、土壤水分特征曲线、土壤非饱和导水率及扩散率，监测土壤水吸力以及冬小麦性状等。1990 年 10 月 19 日，该试验研究项目通过水利水电科学研究院、北京市水利局、清华大学水利系等有关单位组成的专家组鉴定。1992 年 3 月，该试验研究项目获得北京市水利局科技进步三等奖。

农用磁化水灌溉对比应用试验　1997 年 1 月至 1998 年 12 月，区水利局引进农用磁化水灌溉技术，在交道镇和窑上乡对冬小麦麦田和西红柿园田进行农用磁化水灌溉对比应用试验。小麦试验田选在交道二街村，面积 358 亩；西红柿试验田选在窑上乡冬青蔬菜种植中心的日光温室内，面积 0.85 亩。试验田均设立试验区和对比区。经过对比试验，磁化水灌溉的冬小麦平均亩产增加 19.8 千克，增产 4%，平均每亩增收 25.74 元；磁化水灌溉的西红柿平均亩产增加 737.5 千克，增产 19.27%，平均每亩增收 1180 元。1998 年该试验项目获得房山区科技进步三等奖。

水文遥测系统　房山区雨量监测一直以来采用自计雨量筒和人工观测的方式进行，通过电话上报雨量信息。为了防汛指挥调度提供准确、及时的雨水情信息，1997 年 6 月，开始实施房山区水文遥测系统。该系统由遥测站、中继站、中心站组成，采用遥测技术实时收集、处理雨情信息，完成数据入库处理，随时可以进行查询，雨情信息反馈时间短、精度高。

该系统的应用提高了雨量监测的工作效率，减少了人工计算的误差，为防汛指挥调度和防洪抢险赢得时间。1998 年 9 月，完成系统安装，并投入运行。总投资 60 万元，其中国家拨款 30 万元，单位自筹 30 万元。该成果获得房山区 1998 年度科技进步一等奖。

第二节　水务科技推广

1991—2010 年，房山区围绕平原区推广喷灌、集雨利用、"旱地龙"节水技术、橡胶坝建设、山区农业节水技术开展了相关科技试验及成果应用推广。

"五统一"喷灌技术推广　1989 年起，房山在平原区大面积推广喷灌，坚持用"统一规划、统一设计、统一定购设备、统一施工、统一喷灌试水验收"。"五统一"标准实施。区水利局技术人员先后到各村对田块形状、田块面积、井位、单井出水量、地埋管直径、喷头间距等进行综合调查，并指导安装喷灌设备，设备安装后进行喷灌试水；区水利局每年春季、冬季对各村的喷灌服务队和乡、镇、地区办事处、街道水管站的技术人员进行技术培训。1992 年，房山平原喷灌区被水利部列为全国节水灌溉增产示范区。1995 年该技术获得北京市政府科技成果二等奖。至 1999 年，在 20 个平原区乡、镇、地区办事处、街道推广喷灌面积 25.4 万亩。

重锤灰渣土挤密桩地基处理技术推广　随着基础设施建设的发展，针对不同类型地基采用不同的软基加固处理技术，影响着工程建设投资。从 1991 年开始，推广使用重锤灰渣土挤密桩地基处理技术，重锤灰渣土挤密桩地基处理技术是采用 2∶8 或 3∶7 灰渣土，填入地基的钻孔中，用 1.5 吨重锤分层夯实，使壁孔松软土质挤压密实。井孔填料通过重力机化学作用固结形成桩柱，从而改变了原天然地层的物理性能。依不同土层使深层地基承载力提高 2～4 倍，达到 200～300 千帕，以适应建筑对地基承载力的要求，对不同类型的软基处理是一个廉价的先进技术措施。1995 年 3 月，该技术推广获得北京市水利局科技推广一等奖。

截至 2000 年，通过在房山区、通州区的建筑小区推广重锤灰渣土挤密桩地基加固处理技术，根据基础处理的不同情况，进行技术改进和改善，摸索出不同地区、不同土质含水量时的充填料最佳含水量值及配水系数，相对其他地基处理节省了建设投资，并消纳城镇建设产生的废渣土，取得了一定的社会效益和经济效益。

集雨利用技术推广　1996 年，区水利局在十渡镇万景仙沟、张坊镇三合庄村、蒲洼乡芦子水村等地推广集雨利用技术。该技术主要包括集蓄雨水、雨水利用以及节水灌溉配套建设，最大限度地把地表的雨水集中蓄存起来，供村民饮用和灌溉农田。根据各村的水资源条件和多年自然降雨规律，因地制宜建了 6 个集雨场，完成了储水和微灌节水配套工程建设。集雨利用技术推广过程中，研究探索适宜房山山区的集雨利用工程技术模式，为山区集雨灌溉、降低工程和灌溉成本提供配套技术方案。山区集雨利用技术在1998年水利富民以及小流域综合治理中推广应用。该技术项目获得房山区1998年度科技进步二等奖。

FA"旱地龙"节水技术推广 为贯彻落实国家防汛抗旱总指挥部《关于做好FA"旱地龙"应用示范试验的通知》要求，实施市水利局下达给房山区3年推广FA"旱地龙"任务，1997—1998年，区水利局在阎村、长沟、坨里等乡、镇推广FA"旱地龙"技术。该技术主要包括使用FA"旱地龙"对冬小麦、玉米种子拌种和对麦田、玉米田喷施，每亩用40克FA"旱地龙"40倍液拌种；每亩用100克FA"旱地龙"浓度0.2/百万溶液喷施。施用后进行生长期、收获期跟踪记录，根据记录证明施用FA"旱地龙"具有节水、增产的功效，也适宜在房山区的山区、丘陵区和平原区的"旱高台"地区农田施用，施用后冬小麦平均亩产增加52.1千克，增产19.6%，增收67.73元。至1998年，全区推广施用FA"旱地龙"农田面积2.2万亩，其中冬小麦麦田1.4万亩、玉米田0.8万亩，主要分布在阎村、十渡、坨里、霞云岭、张坊、长沟等十几个乡镇。试验推广项目总投资13.2万元，其中北京市财政、房山区财政投资6.6万元，各乡镇共投资6.6万元。1999年2月8日，该技术项目通过市水利局专家组验收，并获得房山区1998年度科技进步三等奖。

山区农业综合节水技术推广 1999—2000年，区水利局在蒲洼、霞云岭、佛子庄、大安山、南窖、河北、十渡等8个山区乡、镇的8300亩农田推广农业综合节水技术，农田中有老果树的果粮间作农田3000亩，主要树种有柿子、核桃、仁用杏、苹果等，有新植果树的果粮间作农田3300亩，主要树种有柿子、杏、核桃等，有经济作物和牧草等农田2000亩。节水技术推广过程中，在西安村、黑龙关村、北窖村利用集雨配套小管出流以及管道灌溉农田1200亩，在芦子水村、东村利用边沟集雨、涵洞集雨、路面集雨并按集雨量配套小管出流灌溉农田1500亩，在平峪、四马台两村利用塘坝、截流等蓄水设施，发展小管出流和微喷灌溉农田2000亩，在西石门村利用机井配套滴灌，发展温室大棚32栋、面积50亩，使用"U"形渠，渠灌面积400亩，在西苑、大安山、中山三村引泉水配套小管出流和喷灌灌溉农田800亩，水峪村从水峪水库引水配套小管出流灌溉农田950亩，在金鸡台、杨林水村利用坡面集雨配套小管出流灌溉农田1000亩，在北半壁店、黄土坡两村利用集雨、机井水、泉水配套管灌和小管出流灌溉农田400亩。该技术的推广改变了以上乡、镇传统的灌溉方式，提高了水资源利用率，提高了果品、粮食产量，2000年总计节电25.2万千瓦时、节水62.8万立方米，与项目实施前相比，果品、粮食均增产2.1倍。2002年2月26日，该技术项目通过市科委验收，并获得房山区2001年度科技推广应用二等奖。

1991—2010年房山区科技项目荣获市级三等奖以上一览表

表 8-1

序号	获奖等级	获奖项目	主要完成单位	主要完成人	获奖时间	颁奖单位
1	科技成果三等奖	冰雹灾害区域考察及综合减防措施研究	房山区水利局	刘同光、彭玉、梁森、傅恒	1991年6月	农业部、全国农业区划委员会
2	科技进步一等奖	水资源普查与水利化区划	房山区水利局	刘宗亮、傅恒、杨志军、张书旺、王宏亮、林建强	1992年2月	北京市水利局
3	科技进步二等奖	平原井灌区喷灌技术推广试点	房山区水利局	傅恒、李彦、刘同光、陈维垣、何浩、王宏亮	1992年3月	北京市水利局
4	科技进步三等奖	冬小麦节水灌溉试验研究	房山区水利局为第二完成单位	刘同光为第4完成人	1992年3月	北京市水利局
5	农业技术推广三等奖	喷灌技术推广	房山区水利局为第四完成单位	刘同光、傅恒分别为第4、第9完成人	1993年	北京市农业技术推广奖评审委员会
6	水利技术推广一等奖	十渡橡胶坝	房山区水利局为第一完成单位	彭玉、张秀芳、刘同光、高福金、周志华、庞江、付云升	1993年	北京市水利局
7	农业技术推广二等奖	房山区喷灌技术推广	房山区水利局	闫启勇、张茂印、傅成、李俊、刘振芳、王明、黄学成、郭志明、刘义	1994年	北京市农业技术推广奖评审委员会
8	技术推广一等奖	重锤灰渣土挤密桩地基处理技术推广	房山区水利工程公司	李培勇、蔡桂臣、蔡天启、孙志荣、傅成、郭志顺、刘同光	1995年3月	北京市水利局
9	技术推广二等奖	喷灌技术推广	房山区水利局	张茂印、闫启勇、刘振芳、傅成、李俊	1995年5月	北京市政府
10	技术推广一等奖	喷灌技术推广	房山区水利局	李俊	1995年5月	北京市农业技术推广奖评审委员会
11	科技成果二等奖	喷灌技术推广	房山区水利局	刘同光	1996年5月	北京市政府
12	星火科技一等奖	北京市橡胶坝技术研究与推广	房山区水利局为第六完成单位	刘同光为第11完成人	1996年	北京市星火奖评审委员会

续表 8-1

序号	获奖等级	获奖项目	主要完成单位	主要完成人	获奖时间	颁奖单位
13	科技成果二等奖	喷灌技术	房山区水利局	刘同光	1997年5月	农业部
14	科技成果二等奖	水土保持节水项目推广	房山区水利局	高福金、刘同光、王全国、刘宝玉、穆希华、傅成	1999年2月	北京市农业技术推广奖评审委员会
15	农业技术推广二等奖	房山区四马台小流域水土保持生态环境建设推广应用	房山区水利局	刘同光、穆希华、王全国、刘宝玉、高福金、李俊	2000年10月	北京市政府
16	科技进步二等奖	北京市乡村水环境综合治理研究	房山区水利局为第五完成单位	—	2000年12月	北京市政府
17	科技成果三等奖	节水项目应用	房山区水利局	李枫	2002年2月	北京市农业技术推广奖评审委员会
18	科技进步二等奖	北京山区小流域治理及可持续发展展示示范研究	房山区水资源局为第二完成单位	穆希华为第5完成人	2003年3月	北京市水利局

第三节　水务专著

　　《房山水旱灾害》由房山区水资源局在北京水旱灾害编辑委员会指导下于2001年6月至2002年6月组织编写完成，其作为《北京水旱灾害系列丛书》之一，于2003年11月由中国水利水电出版社出版发行。该书按照"突出灾害、分析成因、找出规律、研究对策"的编写原则，从总论、洪水灾害、涝渍灾害、干旱灾害、水污染灾害、对策与展望共分6篇进行了编写。编写人员通过搜集大量历史资料，并参考了《北京水旱灾害》《海河流域防汛资料汇编》《北京市水文特征资料》《北京市洪水调查资料》等，对房山地区所发生的水旱灾害从雨情、水情、灾情、成因以及基本规律和抗灾经验方面进行了系统分析和总结，并根据21世纪房山区经济社会发展要求，提出了防治水旱灾害的对策和措施。

　　《房山区水利志（1949—1990）》的编纂工作始于1990年3月，1995年5月定稿，历时 5 年。由房山区水利局组织编写，得到了北京市水利史志编委会、区委史志办、区科委、区政府区划办等单位的大力支持。该书较全面系统地反映了房山区水利事业的历史和现状，记述了全区人民长期与水害斗争的艰苦历程和取得的成就，基本做到了资料翔实，体现了思想性、科学性、资料性的统一，是一个具有较高价值的水利史料。

志书主要记述 1949—1990 年新中国成立后 41 年房山水利史实。区水利局于 1990 年 3 月成立水利志编辑办公室，随后编写人员开展了查阅档案、访问座谈、搜集、抄录有关资料等工作，先后走访了 31 个单位，共搜集有关素材 100 多万字，进行口碑调查 50 多人次，经考证、筛选，从中整理，于 1994 年 6 月《房山区水利志》送审稿完成，1994 年 7 月市水利史志编委会对《房山区水利志》送审稿进行了详细讨论，提出了补充意见和建议篇目。1994 年 12 月底，完成修稿工作，并呈报市水利史志办和区委史志办再次审阅。1995 年 5 月 10 日召开有市水利史志编委会、区史志办公室、区科委领导和全体编委会成员参加的评审会，经审议对水利志稿的篇目设置、体例、内容等均给予了充分肯定并予原则通过。会后编写人员在《房山区水利志》稿内容和文字上作了进一步核实、修正，并经区委史志办、市水利史志办审阅后定稿。本志书几易其稿，终于成书。全书共 13 篇、32 章、99 节，约 35 万字，并配有图表、照片、概述、附录和编后记。《房山区水利志》由原市顾问委员会主任王宪题词并题写书名，房山县原县长、市水利局党组书记吕镒、区委书记李庆余、区长焦志忠、区人大常委会主任李永忠、区政协主席魏士宽、主管农业副区长李硕夫等领导为该书题词，原常务副区长赵振隆作序并题词。

第二章　信息化建设

2000 年以前，房山区水务信息化建设水平受限于当时的计算机、互联网技术的水平，只是在雨情遥测自动测报和防汛无线通信方面进行了应用。2000 年，防汛报汛工作实现了专网建设。2002 年，房山区水利系统实现了互联网宽带连接。2003 年，房山区防汛抗旱及水资源指挥调度分中心一期工程建成，实时数据接收和历史数据入库。水务信息共享交换平台建成，防汛调度、洪水预报、水务站管理、排水监测等应用系统逐步配套，房山区水务信息实现资源共享，重点区域信息化管理，重点工程实现遥测遥控，可视化管理调度，信息化水平得到提高。

第一节 通信网络

1997 年以前，房山区应用水利自动化、信息化水平较低，对雨水情和汛情信息的传递主要通过有线电话、电报完成。1997 年，房山区建成雨量遥测自动测报系统和防汛无线电通信系统。两个系统利用现代化信息技术，为及时测报全区雨情汛情，确保防汛通信畅通提供了保障。

2000 年，配备防汛专用计算机，利用公共交换电话网络和综合业务数字网，推动水情报汛工作的网络报汛。2002 年，按照"公网为主、工专结合"的建设原则，完成了以区水利局为中心，上连区政府、市水利局（政务专网），下连部分基层单位（10 兆带宽公网）的通信骨干网。互联网通过租用联通公司光纤专线，初步实现了区水利局与各基层单位的信息资源共享，形成了系统的广域网。

2003 年，按照首都水利发展"十五"计划和北京市水利信息化建设三年规划，及北京市防汛抗旱及水资源指挥调度中心对B类分中心的建设要求，房山区防汛抗旱及水资源指挥调度分中心一期工程建成，配备了防汛会商室、指挥调度室、网络设备及综合数据库等软件系统，与市防汛抗旱指挥中心、房山区政府信息中心实现联网。从此在网上传递办理雨情、水情、灾情等防汛抗旱信息，通过多媒体视音频通信系统，可与市防汛指挥中心开展异地会商，接收防汛信息和调度指令，指挥全区防洪抢险救灾工作。

2004 年，区水资源局开通门户网站，在互联网上建立了水资源局宣传窗口和信息平台。同年实现与区政府政务专网连接，从此与政府各部门、各镇之间的政务往来均可网上完成。

2005 年，建成区水务系统网络骨干网建设。通过租用联通（原称网通）公司提供的专用光缆，完成了与 11 个基层单位的专线光缆连接（10 兆宽带），对区水务中心的网络系统进行了升级改造，接入互联网宽带为 30 兆带宽。

2007 年，完成房山区雨量遥测系统升级改造，实现雨量自动采集、传输、处理、查询和分析等功能，房山区的雨水情监测能力得到提高。

2010 年，完善了区水务系统的防汛通信网络建设。租用北京联通公网网络资源，实现区水务局与下属 13 个基层单位中的 11 个单位专线光缆连接，连接形式采用星形结构，每条链路带宽均升级为 100 兆。房山水务系统广域网内部通过租用联通专线访问互联网，带宽为 30 兆，未接入的站点，仍通过租用ADSL方式实现网络浏览。

第二节　应用系统

1996 年 9 月，完成房山水利管理数据库系统。系统建设由房山区水利局与水利部相关部门合作，房山水利管理工作初步实现了水利信息化建设。

2001 年，为配合北京市水利局办公自动化建设的要求，实现北京市水利系统办公公文自动化、信息化，区水利局投资 10 余万元，积极组建局域网，实现了局内部的资源共享，并装备了办公自动化系统，实现了水利系统公文等办公信息的收集与处理、流动与共享。2002 年，区水资源局在办公楼改造后重新布设了局域网，实现了局内部的资源共享，并运用办公自动化系统，初步实现了局内部办公自动化。

2003 年 4 月，区水资源局开始房山区防汛抗旱及水资源指挥调度分中心一期工程的建设，系统建设由北京市慧图信息科技开发有限责任公司完成，系统包括信息采集系统、通信系统、数据管理系统、信息服务系统、决策支持系统、崇青水库图像监控系统和计算机网络系统。2004 年 5 月，系统建成后，可以对信息实时接收处理，实现了崇青水库图像监控系统建设、信息骨干网的建设，并加强了网络安全管理方面的建设及信息发布系统建设，提高了房山水利工作现代化水平。在防汛工作中，改建了区级 8 个雨量遥测站，雨水情测报系统和通信预警系统运行正常。全区 22 个自动遥测雨量站，山区和小清河滞洪区 400 兆通信电台及卫星云图和雷达系统运行稳定，确保了汛情信息的及时传输。房山防汛抗旱及水资源指挥调度分中心一期工程总投资为 257 万元，其中市级财政补贴 56 万元、自筹 201 万元。

2004 年 10 月，建成崇青水库洪水预报调度系统，系统建设由北京市慧图信息科技开发有限责任公司完成。崇青水库防汛调度系统是房山区防汛抗旱及水资源指挥调度系统的重要组成部分，实现了崇青水库汛期洪水管理信息化，可以进行快速的水库洪水预报和调度，提高保障下游人民生命财产安全。系统建设投资 130 万元，其中市级财政补贴专项资金 50 万元，自筹资金 80 万元。

2004 年，为了适应郊区农村城市化、城乡一体化经济社会发展的时代要求，规范基层水务站建设，强化管理职能，提高水资源的使用效率，北京市水利局在全市 10 个基层水务站进行信息化试点建设，房山区长阳水务站作为试点之一，建设完成长阳水务站管理信息系统，系统由北京理正人信息技术有限公司开发建设。系统于 2004 年 8 月开始建设，12 月建成投入运行。本项目主要利用先进的地理信息、数据库、计算机管理技术和水务相关专家的经验，建设试点水务站的信息化系统，以辅助进行各类水务站管理工作，发布水务管理有关的信息，面向广大农民和所属单位进行水资源、节水和防汛抗旱宣传，建立一个现代化的基层水务管理的示范窗口。长阳水务站管理信息系统建设投资15万元。区水务局为加强全区5个水务站的管理信息化，2005年在长阳水务站管理信息系统的基础上，建设房山区水务站信息管理系统，系统由北京理正人信息技术有限公司开发建设。各水务站业务数据通过程序实现逻辑分离，统一存放在区防汛抗旱及水资源指挥调度分中心数据库中，各水务站只能根据权限对各自的数据进行查询与管理，区水务局可以对整个数据库进行统一管理。系统建设投资45万元。

2005年，建成房山区城关、良乡城区排水图像监控系统。针对2005年区水务局成立后新划转的排水管理工作，为了更好地解决汛期城镇排水问题，安装了城关、良乡两城区排水监控系统，可以对城关和良乡两城的6个排水站进行图像实时监控，能够实时监控各排水站的排水情况，为汛期城镇排洪调度提供准确信息。

2005年，完成房山区小清河分洪区信息管理系统的建设。管理系统利用3S技术（遥感技术、地理信息系统和全球定位系统的统称）、网络技术、数据库技术、多媒体技术，可以为小清河分洪区信息管理提供现代化的管理手段，为小清河分洪区管理决策提供信息数据查询平台。该系统的建设，实现小清河分洪区数据信息的入库、查询及管理，信息管理实现系统、手册和光盘三种方式对小清河分洪区内

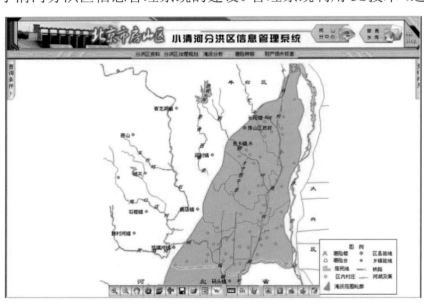

图8-1　　小清河分洪区信息管理系统图

的信息进行查询和管理，提高小清河分洪区运行管理水平，同时也可以实现同北京市防汛抗旱指挥中心的信息共享。小清河分洪区信息管理系统工程于2005年3月开始建设，2005年6月完成并投入运行，系统建设投资20万元。

2006年，房山区防汛抗旱指挥部办公室开通了企信通短信平台，可及时向各级防汛单位及相关人员发送防汛预警信息，通知防汛人员到岗并做好防汛抢险准备。

2009年，建成TraFax传真群发系统，方便汛期防汛值守指令传递，添置了服务器，为传真的大量收发提供了便利，在防汛工作中发挥了作用。

2010 年，区水务局政府网站完成升级改造。5 月中旬，区水务局对门户网站进行了升级改造，并配合区信息中心将网站部署到其服务器上。本次改造，站点升级为动态发布，在发布管理平台中加入了文章审核功能，对信息进行审核后方可发布，确保信息准确性、保密性。网站信息发布更加规范、便捷。网站整体页面布局更趋合理，栏目设置更科学规范。还加入了如下新内容：实时信息，包括雷达回波图和卫星云图；山洪灾害防治；在线服务，包括便民服务、水务知识、咨询信箱、留言板；以及站内信息搜索功能。

信息化管理方面，出台了《房山区水务局计算机管理制度》《房山区水务局计算机网络与信息安全管理办法》《房山区水务局计算机网络保密管理制度》等，规范了信息化管理流程。

第三章　科技队伍建设

房山区水利科技队伍随着水务事业的发展不断壮大。水利科技人员主要来源于 3 个方面：一是在多年水利建设中，积累了丰富实践经验的技术人员，经过自学、交流培训，逐渐成为水利战线上的技术骨干；二是分批次录用的水利专业大学毕业生；三是为满足水利事业的发展需要，鼓励在职人员脱产或函授学习，逐渐成长起来的技术人员。

围绕水利事业面临的技术问题，组织水务科技人员不断在实践中科技创新，从治水观念到水利新技术的推广应用有了显著提升。随着办公自动化、信息化建设的推进，为完成全区水务事业的高速发展提供了人力资源保障。科技人员通过开展学术交流、业务培训、调研、外出学习考察、聘请专家授课等形式，不断拓展水务行业知识的积累与丰富，结合水务工作实际应用新观念、新技术，创新能力不断提高。

第一节　科技人员队伍

20 世纪 60 年代，水利系统的技术人员主要是初中、高中和中专毕业生组成，大学生很少。20 世纪 80 年代，水利系统的技术人员主要是中专、大专、大学毕业生构成。20 世纪 90 年代，水利系统的技术人员主要由本科以上毕业生构成。1995 年，专业技术人员 79 人，其中大专以上学历 22 人、中专学历 41 人。2010 年，专业技术人员 217 人，其中研究生学历 12 人、本科学历 105 人。随着大学毕业生进入水利事业人数的增多，水利队伍的整体素质得到了提升。

1990 年水利系统取得中、高级职称技术人员有：

高级工程师：孙志荣

工程师：雷祥林、赵侬辉、奉友鹏

会计师：徐绍良、陈信生、徐廷良、曹德政

1993 年水利系统取得中、高级职称技术人员有：

高级工程师：傅恒、刘同光、彭玉

工程师：蔡天启、史万秀、芮登福、胡淑敏、刘宗亮、安士刚、张茂印、梁森、高福金、李爱军、杨志军、孟祥国

农艺师：李俊、殷宗国

会计师：段汝高

政工师：张玉珍、庞江、陈德金、王学增、李树民、杨长云、王云香、宿廷森

2006 年水利系统取得中、高级职称技术人员有：

高级工程师：高福金、杨志军、赵磊光

工程师：蔡天启、张源、王平、李枫、安士刚、岳政新、刘胜利、朱国平

政工师：郝继龙、赵淑香

经济师：杨建忠、李骏雄、霍忠、隗合润

农艺师：殷宗国、王勇

会计师：李建兴

2010 年水利系统取得中、高级职称技术人员有：

高级工程师：高福金、杨志军、赵磊光、岳政新、李枫

工程师：蔡天启、张源、王平、安士刚、刘胜利 朱国平、谌丽斌、徐宜亮、肖建芳、卿元喜、张敬宇、王占良、王晓莉、穆希华

高级政工师：陈硕林

政工师：郝继龙

经济师：杨建忠、李骏雄、霍忠、隗合润

农艺师：殷宗国、王勇

会计师：李建兴、马雪飞、郭玉莲

统计师：李建兴

第二节 教育培训

从 20 世纪 90 年代开始，区水利局按照"重要干部重点培养、优秀干部加强培养、年轻干部日常培养、紧缺人才抓紧培养"的原则，以需求为导向，以成效为目标，逐步形成了符合房山区水利局干部成长规律的人才培养机制。陆续进行了职工继续教育和岗位培训及在职人员自学等形式的人才教育培训，根据不同类别、不同层次人才的特点，确定不同的培养取向，创新培训模式，建立广覆盖、多层次、开放式的人才培训体系，全面提高各类人才的学习能力、实践能力和创新能力。为优秀人才培养、优秀青年工程师项目等更高级人才培养提供良好平台。

职工进修 1990 年前，根据水利工作任务，培养业务骨干，由单位选拔符合条件的职工送到大中专院校进行深造学习，包括脱产和半脱产形式。1991 年起，为满足职工对文化知识的需求，特别是学历教育深造，区水务系统鼓励内部职工进修学习，凡在水利系统工作，申请参加各种成人业余学校的学习，经单位同意报局审核批准。在不影响本职工作的前提下，工资、奖金、补贴不受影响；自愿申请脱产学习或为取得学历脱产或半脱产学习的，学习期间只发基本工资和有关文件规定的固定性补贴，不享受本单位的奖金等待遇。学习期间的学费暂由自己支付，学习期满并取得合格证书后，各单位凭学习者出具的合格证书或有关部门的证明信，给予报销学费。按照上述规定，水务系统有大批干部职工参加了国家各类专业院校举办的成人教育，包括大专、本科、研究生学历班的学习，所学专业涉及水利、民用建筑、经济管理、行政管理、财务会计、计算机、英语等多种学科。1991—2010 年，共有 232 名在职人员完成了学历深造，其中 69人取得了大专文凭，152 人取得本科文凭，11 人取得研究生文凭。2001 年开始至 2010年，水利系统专业技术人员以及公务员，每年按照区人事劳动部门要求和规定的学习书目、课程，以自学和面授的形式完成继续教育学习。

岗位培训 1991 年后，按照人事劳动部门有关要求，水利（水务）系统的技术工人采取分期、分批的方式参加技术等级培训，经考核合格发给国家承认的技术等级证书。技术等级与个人工资、补贴挂钩。其中 1994 年共有 25 名职工申请参加渠道维护工等20 个工种的技术等级培训，根据不同工种采取三种方式进行培训。由区水利局组织培训，并在人事劳动部门的监督指导下进行。培训的工种有渠道维护工（含灌区供水工、灌排工程工）、钻井工（含基础处理工、洗井工、冲击钻工、岩心钻工）、商业营业工、水泥制品工。培训大纲，选用水利部颁布或认可的大纲，对没有培训大纲的工种，由授课人员根据水利部颁布的等级标准，在保证培训质量的前提下，参照相近工种的大纲自行编写，培训课时为 200 学时。派出培训，参加区劳动局统一组织培训考核，有汽车驾驶、特种车辆驾驶、拖拉机驾驶、铸造工、锅炉工、焊工、电工、钳工。由有关部门对特殊工种进行培训考核。至 2010 年，水务系统共有 93 名技术工人通过培训取得了技术等级证书，其中初级工 30 人、中级工 45 人、高级工 18 人。

根据岗位业务需要，组织相关人员参加依法行政、工程建设管理、防汛抗旱、雨情水情测报、地下水水位观测、水资源管理、节水用水管理、财务经济管理、电子信息化应用管理、信息宣传与公文写作、安全生产、档案管理、政工劳资等相关内容的培训。培训途径有 2 种，包括参加市区对口部门举办的培训，由房山区水行政主管部门组织的内部培训。其中 1995 年共有 11 人次参加了培训，包括区水利局对雨水情测报员、地下水观测员培训，财会人员参加区财政局组织的新会计制度培训；2003 年有 25 人参加政治理论、水法规、防汛抗旱、政务礼仪与职业道德等相关知识培训；2008 年，通过外聘老师授课，对水务系统 21 名施工安全员进行安全生产知识培训，对 17 名水务信息员培训写作知识。还派人参加了北京市水文总站举办的关于地下水监测规范、水资源公报编制及地下水绘图软件的应用培训。

自学 有针对性地进行学习、研讨，通过录像、演讲和购置书籍利用业余时间学习，不断提高职工的综合素质和工作能力。主要学习的内容与软件包括：政治、农田水利、小型水工建筑物设计和实施、工程力学与结构计算、水利工程制图、小型水利工程施工、小型工程水力计算、水利工程测量、小型水利工程管理、小型抽水站、地下水利用、喷灌技术、山区水土保持、工程概预算等。定期或不定期举办小型学习活动，并通过考试来检查学习的效果。通过老技术人员的"传、帮、带"，增强了年轻人的技术水平和爱岗敬业的精神，造就了一代新型水利技术人才。

通过进修、岗位培训和自学，有很大一部分职工取得了绿色证书。不同的岗位取得了"行政管理""工业企业管理""财会金融""计划统计""党政干部管理""中文""经济管理"等各个层次不同专业的中专、大专、本科、研究生、博士文凭，从而提高了水务战线职工文化水平，促进了水务事业的振兴。

镇村管水员培训 2006 年，以农业节水建设为内容，镇村管水员队伍组建，11 月 18 日房山区举行选聘村级管水员考试，全区报考人员共 1162 人，以流域水务站为单位，共设置长阳、城关、河北、琉璃河、张坊 5 个考区、31 个考场，1100 名管水员通过考试应聘上岗，并进行了岗位培训和业务知识培训。2007 年 7 月 3 日房山区水务局组织农村管水员进行业务培训。全区 23 个乡镇农发办主任，5 个流域农民用水协会会长及

462 名农村管水员集中参加了此次培训。培训会上，区水务局抽出多名业务骨干分别对循环水务建设、水资源保护、生态环境综合治理等相关知识进行了讲解，培训班主要采取理论结合实际的教育方式，通过多媒体展示图片与影音，使管水员直观地了解水务知识，认识到自己工作的重要性。还聘请了中

图 8-2　2007 年房山区新型农民暨农村管水员培训

国农业大学水利与土木工程学院教授杨培岭讲解《我国水资源形势及水务管理》。2007年 7 月 10 日，区水务局组织 1100 名农村管水员进行专业知识统一考试。考试合格者获得中国农业大学颁发的"房山农村管水员岗位培训结业证"和区社会保障局颁发的"职业资格证书"。至 2010 年，区水务局和农民用水协会根据管水员承担的任务，举办多次业务培训，包括机井读表、用水计量及月统月报、农村机井维护、农村饮用水安全管理、水费计收、污水排放，以及对《取水许可和水资源费征收管理条例》《北京市农业用水水资源费管理暂行办法》等相关法律规章的培训，培训方式采取外聘老师授课，将培训教材制成光盘集中观看及自学，培训教材选用北京市水利水电技术中心编制的《村级管水员水务管理知识读本》《北京市农业用水水资源费征收管理 20 问》《北京市农民用水协会及农村管水员培训讲义》等相关教材。同时，对防汛知识的普及也是重点培训内容。

第三节　水利学会

房山区水利学会成立于 1980 年 1 月，是经过区民政局社团办登记注册，具有法人资格的学术组织。截至 2010 年年底，水利学会共有会员 90 名，全部为中专或助理工程师以上专业技术人员，其中高级职称 7 名、中级职称 18 名。

学会设有理事长 1 名、常务副理事长 1 名、副理事长 4 名、监事长 1 名、秘书长 1

名，全部为兼职。

多年来，学会组织注重研究民生水利、科技水利、生态水利，围绕房山各项水务建设工作积极开展技术咨询、科技培训、经验交流、考察学习等学术活动。在水资源利用、保护、节约，科普宣传，水务新技术、新材料推广应用，技术咨询，水利科技培训等方面做了大量工作。多年来，学会骨干会员多次研讨房山水务发展规划；参与《房山区水务综合规划》《房山区集约化供排水规划》《房山区水源地保护综合规划》的编制，探讨全区水资源优化配置方案，为房山城镇组团的水务发展献计献策。

水利学会会员紧密结合各自的实际工作，推广应用了水平衡测试技术、雨洪水利用技术、湿地污水处理技术、反渗透水处理技术等十余项新技术新成果。为提高水务科技人员和职工的综合素质，学会组织了各类技术学习和业务培训。

学会会员每年利用"中国水周"和"世界水日"，开展以"节水"为主题的大规模的宣传活动，在《房山报》出专版，在街道、农村进行宣传咨询，发放各类宣传材料、宣传画，宣传节水；积极参加区科协举办的科普宣传活动，发放科普材料，提高人们的节水、护水、防洪避险意识；参加市水利学会组织的科技讲座，参观学习，交流经验，为水利工作积累了经验。

第九篇　水务管理

第一章　机构体制

　　1986 年 11 月，房山县和燕山区合并成房山区，县水利局改称为区水利局。1991 年后，随着水利职能转变，管理体制有了相应变化。1992 年 7 月，区水利局因京周公路扩建搬迁到良乡昊天大街 81 号（原大宁灌区管理处）办公。2001 年 10 月，房山区水利局更名为房山区水资源局。从 2002 年起，承接原区市政管委承担的城镇节约用水和城市防汛工作的管理职能，原区地矿局承担的核准地下水取水、管理地下水人工排水和回灌的职能，原区环保局承担的城镇自来水地下水水源地的保护管理职能。2004 年 12 月组建房山区水务局，承接原房山区水资源局承担的所有职能，以及原区市政管委承担的城镇供水、排水与污水处理、再生水利用管理职能。截至 2010 年，区水务局主管城镇与农村的涉水事务。

　　20 年中，通过加强依法行政，规范水行政审批，采取部门执法和多部门联动执法，有效打击了水事违法行为。防汛管理坚持实行行政首长负责制，岗位责任制，统一指挥，分级分部门负责，确保了全区防汛安全。通过规范工程管理，执行项目审批程序，加强施工质量监督及工程设施维护，工程效益得到充分发挥。2006 年起，根据国家和市政府相关政策，对境内大中型水库移民开展了后期扶持工作。

第一节　区级水行政主管部门

　　1991—2010 年，房山区水利局、房山区水资源局、房山区水务局分别是房山区人民政府在不同时期设置的水行政主管部门，业务上服从北京市水行政主管部门指导。随着水务工作重点由工程水利向资源水利、环境水利、民生水利的转变，通过机构体制改革，城镇与农村涉水事务逐步实现统一管理。2002 年 10 月，各镇政府撤销水管站，区水资源局按照流域管理需要设立 5 个水务中心站。2006 年，建立了农民用水协会和村级管水员队伍。

区水利局　1990 年区水务局内设职能科室 7 个，分别是办公室、农水科、管理科、科技科、后勤科、水保科、水政科；下设直属单位 6 个，分别是大宁灌区管理处、永定河办事处、材料库、崇青水库管理所、天开水库管理所、水利工程公司（打井队）。核定编制人数 168 人，其中科级领导人数 16 人。乡镇水利管理服务站 25 个，核定编制人数 116 人。

1995 年 12 月 14 日，区水利局职能配置、机构设置和人员编制方案经区政府批准，对房山区水资源、水域、水利工程设施进行开发、利用、保护与管理，强化水资源管理职能和防汛抗旱职能。

主要职责包括：履行《中华人民共和国水法》所赋予的职责，对房山区（除房山、良乡、燕山、新镇 4 城镇之外）水资源实施统一开发、利用、保护与管理；依据《中华人民共和国水土保持法》，主管房山区水土保持工作；依照《中华人民共和国水法》和市、区配套法规，主管房山区的水利工程设施及水域的管理工作；遵照区政府统一发展规划，负责房山区水利工程建设和水利事业发展；进行水利科技实验，推广水利科技成果，承担房山区的防汛与抗旱工作；负责房山区水利系统的精神文明建设与行业管理；承办区委、区政府和北京市水利局交办的其他事项。

区水利局内设科室调整：1987 年 12 月水土保持站改为水土保持科，1989 年增设水政监察科。

局属事业单位调整：1991 年 9 月组建防汛抗旱指挥部办公室；1993 年 11 月，成立十渡橡胶坝管理所；1994 年 7 月成立水土保持监督管理站，与水土保持科合署办公；1995 年 2 月，成立良乡橡胶坝管理所；1995 年 12 月成立房山区水利局机关服务部；1999 年 3 月成立琉璃河地区排灌服务中心；1999 年 4 月成立大石河管理所；2000 年 7 月增挂房山区小清河滞洪区安全建设管理办公室，与防汛抗旱指挥部办公室合署办公。

内设职能科室 5 个，分别是办公室、综合科、工程管理科、水利建设科、水政监察科。行政编制 20 名，其中局长 1 名、副局长 3 名、科级领导职数 6 名。直属事业单位 13 个，分别是防汛抗旱指挥部办公室、水土保持监督管理站、机关服务部、永定河办事处、大宁灌区管理处、崇青水库管理处、天开水库管理处、水利局材料库、水利局打井队、十渡橡胶坝管理所、良乡橡胶坝管理所、大石河管理所、琉璃河地区排灌服务中心，直属事业单位编制 195 名（含机关工勤人员事业编制 3 名），其中科级领导职数 26 名；以及 25 个乡镇办事处水管站，核定编制人数 116 人。

区水资源局　2001 年 10 月，按照区委、区政府关于机构改革的实施意见，区水利局更名为区水资源局，根据京房办发〔2001〕45 号文件"行政编制精简 24%"的规定，区水资源局行政科室由原来的 5 个减为 4 个，行政工作人员由原来的 22 名精简为 18 名。2002 年 2 月 4 日，区政府印发《区水资源局职能配置、内设机构和人员编制规定的通知》，在其职能中划入了区市政管委承担的城镇节约用水和城市防汛工作的管理职能，原区地矿局承担的核准地下水取水、管理地下水人工排水和回灌的职能，原区环保局承担的城镇自来水地下水源地的保护管理职能，初步实现全区水资源统一管理。2002 年 11 月 1 日，区编办将区市政管理委员会的 5 名自收自支编制名额划归区水资源局。2002 年 10 月，按照区委、区政府机构改革实施意见，各镇政府撤销水管站，区水资源局按照流域管理需要设立了 5 个水务中心站，分别是琉璃河水务中心站、长阳水务中心站、城关水务中心站、河北水务中心站和张坊水务中心站，分别负责所辖区域内乡镇的相关水利工作。

主要职责包括：组织编制全区水利建设中长期发展规划和年度计划并组织实施；负责全区水资源的统一管理工作，组织编制水资源开发利用和保护的综合规划以及水的中长期供求规划和年度供求计划并监督实施；主管全区节约用水工作，组织编制节约用水规划和年度计划，制定相关标准并监督实施；负责实施取水许可制度，负责地下水取水核准工作，负责雨洪、再生水的利用及地下水人工排水和回灌的管理工作；负责境内水功能区的划分，负责协调流域内水资源保护，承担河道、水库、闸坝的保护管理工作，研究水域纳污能力，提出限制排污总量的办法并监督实施；贯彻执行国家和市有关水利的法律、法规和政策，依法查处各类违法违规案件，调解水事纠纷，维护水事秩序；负责全区水利工程和设施管理，对重点水利基建项目负责立项申报，监督实施水利行业技术质量标准和水利工程的规程、规范，负责水利工程的竣工验收；组织、协调、监督、指导全区防汛抗旱工作；编制水土保持规划，组织协调水土保持生态环境建设工作和水土保持监督工作，指导乡镇水利工作和农田水利基本建设及小流域综合治理工作；组织水利科研实验，推广水利科技成果；承办区委、区政府交办的其他事项。

区水资源局成立后，新成立了一些下属单位，局属原有部分事业单位更名。2002 年 3 月，区市政管理委员会承担的城镇节约用水职能划入区水资源局；2002 年 10 月，设立基层水务中心站（长阳、琉璃河、城关、河北、张坊）；2003 年 5 月，房山区蓝鑫水利设计所更名为房山区水务技术服务中心；2004 年 5 月，成立胜天渠管理所和防汛抗旱专业抢险队。

内设职能科室 4 个，即办公室、水利建设管理科、水资源科、水政监察科。行政编制 18 名（含纪检编制 1 名），其中局长 1 名、副局长 3 名、科长（主任）4 名。

直属事业单位 22 个，分别是防汛抗旱指挥部办公室、水土保持监督管理站、机关服务部、节约用水办公室、水务技术服务中心、永定河办事处、大宁灌区管理处、崇青水库管理处、天开水库管理处、水利局材料库、水利局打井队、十渡橡胶坝管理所、良乡橡胶坝管理所、大石河管理所、胜天渠管理所、防汛抗旱专业抢险队、琉璃河地区排灌服务中心、琉璃河水务中心站、长阳水务中心站、城关水务中心站、河北水务中心站和张坊水务中心站；直属事业单位编制 254 名。

区水务局　2004 年 12 月 27 日，根据北京市机构编制委员会办公室《关于郊区县组建水务局有关事宜的通知》和《关于组建北京市房山区水务局的批复》，撤销区水资源局，成立北京市房山区水务局。2005 年 4 月 6 日，区政府印发房山区水务局主要职责、内设机构和人员编制规定的通知（房政办发〔2005〕21 号），承接原区水资源局承担的所有职能，及原区市政管委承担的城镇供水、排水与污水处理、再生水利用管理职能，2005 年 4 月 18 日，区编办将房山和良乡市政管理所承担的城市排水事业职能划转到区水务局，并将 23 名财政差额拨款事业编制划转到区水务局管理。

经过此次职能调整，区水务局统一管理全区地下水、地表水和再生水，统一管理全区供水、节水、排水、污水处理、水土保持和有关水环境治理及抗旱、防汛、水政监察等项工作。至此全区涉水事务统一管理体制基本形成。

2010 年 3 月 5 日，区政府印发房山区水务局主要职责、内设机构和人员编制规定的通知（房政办发〔2010〕26 号），区水务局是负责房山区水行政管理工作的区政府工作部门。职责进行调整：加强统筹房山区城乡水资源的节约、保护和合理配置，促进水资源的可持续利用；加强应急水源地管理、再生水利用、污水处理和水资源循环利用等工作，保障供水安全；加强水务行业安全生产工作，强化水务工程质量和安全监督职责；强化在职责权限范围内服务中央、市在区单位的职责。

主要职责包括：贯彻统筹国家和北京市关于水务工作的法律、法规、规章和政策，起草房山区行政规范性文件草案，并组织实施；拟订水务中长期发展规划和年度计划，并组织实施；负责统一管理房山区水资源（地表水、地下水、再生水、外调水）；会同有关部门拟订水资源中长期和年度供求计划，并监督实施；组织实施水资源论证制度和取水许可制度，发布水资源公报；指导饮用水水源保护和农民安全饮水工作；负责水文管理工作；负责房山区供水、排水行业的监督管理；组织实施排水许可制度；拟订供水、排水行业的技术标准、管理规范，并监督实施；负责房山区节约用水工作；拟订节约用水政策，编制节约用水规划，制定有关标准，并监督实施；指导和推动节水型社会建设工作；负责房山区河道、水库、湖泊、堤防的管理与保护工作；组织水务工程的建设与运行管理；负责应急水源地管理；负责房山区水土保持工作；指导、协调农村水务基本建设和管理；承担北京市房山区防汛抗旱指挥部的具体工作，组织、监督、协调、指导全区防汛抗旱工作；负责房山区水政监察和行政执法工作；依法负责水务方面的行政许可工作；协调部门、单位或个人之间的水事纠纷；承担房山区水务突发事件的应急管理工作；监督、指导水务行业安全生产工作，并承担相应的责任；负责房山区水务科技、信息化工作；组织重大水务科技项目的研发、指导科技成果的推广应用；参与水务资金的使用管理；配合有关部门提出有关水务方面的经济调节政策、措施；执行水价管理；承办区政府交办的其他事项。

内设职能科室6个，即办公室、综合计划与工程建设管理科、水资源管理科、农田水利与水土保持科、供排水管理科、水政监察科。行政编制20名（含纪检编制1名），其中局长1名、副局长3名、科长（主任）6名。

区水务局成立后，新成立了一些下属事业单位，局属原有部分事业单位更名。2005年4月，房山区排水管理办公室（2002年5月成立）由区市政管委划转到区水务局；2005年4月，区市政管理委员会所属的房山市政管理所、良乡市政管理所承担的城市排水事业职能划转到区水务局管理，成立房山区水务局排水所；2005年12月，成立房山区水利工程质量监督站；2006年6月，撤销房山区大石河管理所和良乡橡胶坝管理所；2006年9月，成立房山区水务工程建设项目办公室，与农田水利与水土保持科合署办公；2007年7月，组建房山区大中型水库移民后期扶持政策领导小组办公室；2007年12月，房山区水务局排水所调整分设为区水务局房山排水所和区水务局良乡排水所，负责良乡、城关两个城区及全区的污水处理监管工作；2008年7月，成立房山区水务局资金管理中心；2010年8月，成立房山区水政监察大队。

截至2010年，房山区水务局内设职能科室6个，即办公室、综合计划与工程建设管理科、水资源管理科、农田水利与水土保持科、供排水管理科、水政监察科。行政编制20名；直属事业单位28个，分别是防汛抗旱指挥部办公室、水土保持监督管理站、机关服务部、房山区水务局资金管理中心、房山区排水管理办公室、房山区水利工程质量监督站、房山区水务工程建设项目办公室、房山区大中型水库移民后期扶持政策领导小组办公室、房山区节约用水办公室、永定河办事处、大宁灌区管理处、崇青水库管理处、天开水库管理处、水务局材料库、水务局打井队、十渡橡胶坝管理所、房山排水所、良乡排水所、房山区水政监察大队、房山区水务技术服务中心、胜天渠管理所、防汛抗旱专业抢险队、琉璃河地区排灌服务中心、琉璃河水务中心站、长阳水务中心站、城关水务中心站、河北水务中心站和张坊水务中心站；直属事业单位编制332名。

1991—2010年房山区水行政主管部门历任领导一览表

表 9-1

机构名称	建立时间	领导成员		任职时间（年.月）	职务
		正职	副职		
房山区水利局	1991年1月至2001年10月	杜永旺		1991.1—1995.7	局长 党组书记
		刘同光		1995.8—2001.10	局长 党组副书记
		安庆文		1996.11—2000.7	党组书记
		杨建忠		2000.7—2001.10	党组书记
			段汝高	1991.1—1995.8	党组副书记
			殷宗国	1995.8—2001.10	党组副书记
			刘同光	1991.1—1995.8	副局长、党组成员
			张书旺	1991.1—1991.6	副局长、党组成员
			彭玉	1991.7—1998.11	副局长、党组成员
			李俊	1992.1—2001.10	副局长、党组成员
			庞江	1993.1—1995.7	副局长、党组成员
			芮登福	1994.11—1999.4	副局长、党组成员
			霍忠	1995.7—2001.10	副局长、党组成员
			李爱军	1999.4—2001.10	副局长、党组成员
房山区水资源局	2001年10月至2004年12月	刘同光		2001.10—2001.11	局长 党组副书记
		杨建忠		2001.10—2001.11	党组书记
		杨建忠		2001.11—2004.12	局长
		李骏雄		2001.11—2004.12	党组书记
			李俊	2001.10—2001.11	副局长、党组成员
			殷宗国	2001.10—2004.3	党组副书记
			霍忠	2001.10—2004.12	副局长、党组成员
			李爱军	2001.10—2004.12	副局长、党组成员
			高福金	2002.6—2004.12	副局长、党组成员

续表 9-1

机构名称	建立时间	领导成员		任职时间（年.月）	职务
		正职	副职		
房山区水务局	2004 年 12 月至2010 年 12 月	杨建忠		2004.12—2010.7	局长　党组副书记
		陈硕林		2010.7—	局长　党组副书记
		李骏雄		2004.12—	党组书记
			李丽英	2005.5—	党组副书记
			霍　忠	2004.12—	副局长、党组成员
			李爱军	2004.12—2006.7	副局长、党组成员
			高福金	2004.12—	副局长、党组成员
			张敬宇	2007.12—	副局长、党组成员

说明：2001 年 11 月起，中共房山区水利局党组改建为中共房山区水资源局党组；2005 年 1 月起，改建为中共房山区水务局党组

2010 年房山区水务局基层单位设置一览表

表 9-2

序号	单位名称	成立时间（年.月）	编制人数	主要职责
1	房山区大宁灌区管理处	1958.11	11	负责大宁灌区渠道管理及用水调配
2	房山区崇青水库管理所	1958	37	负责崇青水库运行管理及防汛任务
3	房山区永定河办事处	1959.8	41	负责永定河右堤房山段 26.77 千米堤防管理及永定河防汛任务
4	房山区天开水库管理所	1960.4	3	负责天开水库运行管理及防汛任务
5	房山区水务局打井队	1966.4	45	负责承建专业性强、级别较高的大型水利工程
6	房山区水务局材料库	1975.1	18	负责房山区水利建设物资的供应与调配
7	房山区防汛抗旱指挥部办公室	1991.9	14	负责编制房山区防汛计划，防洪预案，执行上级防汛命令，按防汛计划，防汛预案进行洪水调度；负责房山区雨情、水情、汛期的收集、整理、分析及上传下达，确保防汛通信畅通；编制区内大中型河道、堤防、水库、闸坝除险加固方案并监督实施；负责重点防

续表 9-2

序号	单位名称	成立时间（年.月）	编制人数	主要职责
7	房山区防汛抗旱指挥部办公室	1991.9	14	洪地区、防洪部位的防洪预案的审定与监督实施；负责小清河滞洪区安全建设工作；掌握房山区旱情，具体组织房山区抗旱工作
8	房山区十渡橡胶坝管理所	1993.11	4	负责十渡橡胶坝工程本身的管理、维护，保证橡胶坝的安全运行；十渡橡胶坝水位调控，保证行洪安全，为开展旅游和发展生产服务；十渡橡胶坝附近区域（指区政府通告划定的管理、保护范围）服务性项目的组织管理、努力提高经济和社会效益
9	北京市房山区水土保持监督管理站	1994.7	7	负责编制房山区水土保持规划，对房山区水土流失动态进行监测、预报；负责对区内生产建设项目中的水土保持方案的审批；负责房山区水土流失治理工程实施监督、检查和验收；依法征收并管理、使用好水土保持补偿费及水土流失防治费
10	房山区水务局机关服务部	1995.12	5	负责资产管理、财务审计、机关服务、安全保卫、卫生等事务
11	琉璃河地区排灌服务中心	1999.3	3	负责大石河沿岸琉璃河地区排涝站机电设备管理
12	房山区排水管理办公室	2002.5	10	负责全区城市排水设施的维护管理；负责全区污水处理设施的监督检查工作；负责全区污水处理费的收缴工作
13	北京市房山区城关水务中心站	2002.10	5	负责所辖区域内乡镇的供水、排水、节水、污水处理、中水利用，地下水回灌工作的统一管理与协调，以及相关专业技术指导和服务工作；负责所辖区域防汛、抗旱的协调、组织和相关专业技术指导和服务工作；负责所辖区域小型水利工程和农田水利基本建设的规划、设计、监理工作并对工程施工进行技术指导和服务；负责监督《水法》《水土保持法》《防洪法》等有关法律、法规及水土保持生态环境建设工作在所辖区域的贯彻落实，对违反法律、法规和破坏水事秩序的案件进行调查并提出处理意见；受水资源局委托依法征收辖区内水资源费和水土保持补偿费；负责对各乡镇水务工作进行综合管理和专业技术指导、服务，监督法律、法规的落实，综合协调区域水政事务
14	北京市房山区琉璃河水务中心站	2002.10	5	
15	北京市房山区长阳水务中心站	2002.10	4	
16	北京市房山区河北水务中心站	2002.10	5	
17	北京市房山区张坊水务中心站	2002.10	5	

续表 9-2

序号	单位名称	成立时间（年.月）	编制人数	主要职责
18	房山区水务局防汛抗旱专业抢险队	2004.5	20	执行防汛抗旱预案，负责区内河道堤防、水库、闸坝等水利工程的抢险工作；负责防汛抗旱物资的储备和运输；培训乡镇防汛抗旱技术骨干；承接疏浚河道任务；完成区防汛抗旱指挥部办公室交办的其他工作
19	北京市房山区节约用水办公室	2002.11	5	由负责辖区内城镇各用水单位计划用水的管理和新水源地的开发，负责节约用水的宣传教育、执法检查、监督与管理；负责节约用水的技措技改及新技术推广工作
20	北京市房山区水务技术服务中心	2003.5	12	参与全区水资源的评价、规划、洪水评估工作；承担中小型水务工程项目的设计和施工指导；组织实施水利科研工作，引进推广先进水利科技成果；负责农村水务技术人员培训工作和水务信息服务工作
21	北京市房山区水务局胜天渠管理所	2004.5	8	负责胜天渠的日常管理和维护工作；负责胜天渠调水、配水和供水工作；负责胜天渠引水水位、水量的观测及水质监测工作；负责水费的收缴工作
22	房山区水利工程质量监督站	2005.12	5	贯彻执行国家、水利部和北京市有关工程建设质量管理的方针、政策；负责辖区内中央和市级财政投资以外兴建的水利工程的质量监督工作；协助配合由市质监中心站组织监督的水利工程的质量监督工作；参加受监督水利工程的阶段工程、单位工程和工程竣工验收，核定受监督工程的工程质量等级；监督受监督水利工程质量事故的处理；掌握辖区内水利工程质量动态和质量监督工作情况
23	房山区水务工程建设项目办公室	2006.9	不增加编制，人员内部调剂解决	负责全区水务项目的招标、工程建设、质量管理、进度管理、资金管理、竣工决算和验收以及协调等相关工作，严格落实"项目法人制、招标投标制、监理制、合同管理制"等制度

续表 9-2

序号	单位名称	成立时间（年.月）	编制人数	主要职责
24	房山区大中型水库移民后期扶持政策领导小组	2007.7	2	贯彻、执行北京市水库移民后期扶持政策的配套文件，组织编制落实扶持政策的相关规划，负责水库移民后期扶持政策的宣传解释，会同财政、审计部门对水库移民后期扶持基金使用情况进行检查、审计，组织水库移民的相关统计工作，协调解决实施工作中遇到的有关问题，承担领导小组办公室的日常工作
25	房山区水务局房山排水所	2007.12	10	负责提出辖区内城市排水系统年度计划、改造规划意见；负责辖区内城市排水系统巡视检查和排水管线及排水设施的管理、维护、更换工作；负责辖区内城市雨水、污水排放工作
26	房山区水务局良乡排水所	2007.12	23	负责提出辖区内城市排水系统年度计划、改造规划意见；负责辖区内城市排水系统巡视检查和排水管线及排水设施的管理、维护、更换工作；负责辖区内城市雨水、污水排放工作
27	北京市房山区水务局水利资金管理中心	2008.7	5	负责局机关和各事业单位的年度预算和年终决算工作；负责财务的收支分配和平衡工作；负责机关固定资产的管理工作；负责专项资金的拨付使用和决算工作
28	房山区水政监察大队	2010.8	20	依法对房山区所辖的水资源、水环境、水工程、水土保持工程及设施进行保护和管理，依法查处违章违法案件，行使水行政主管部门相应的行政处罚权

1991—2010 年房山区水务基层单位撤销情况一览表

表 9-3

序号	单位名称	成立时间（年.月.日）	撤销时间（年.月.日）	主要职责
1	大石河管理所	1999.4.2	2006.6.19	负责大石河的日常管理
2	良乡橡胶坝管理所	1995.2.13	2006.6.19	负责橡胶坝的运行管理

第二节　镇村管水组织

乡镇水利管理服务站　1987 年 5 月，根据《北京市水利工程保护管理条例》第七条中"乡镇设水利管理服务站"的规定，在全区 25 个乡镇设立了水利管理服务站，配备了 116 名水利管理人员，列入区政府水行政管理人员编制，负责各乡镇的水利工作，乡镇水利管理服务站作为区水利局的派出机构，实行区水利局与当地乡镇政府双重领导的体制。

依据京政发办〔1990〕81 号文，乡镇水利管理服务站的职责是：负责本乡镇范围内水利工程发展规划、设计和管理；负责本乡镇范围内水利水保工程设施的维护和保护，对施工进行指导并组织验收；积极开展多种经营；在乡镇政府防汛抗旱指挥部领导下，搞好防汛抗旱工作。

1995 年区水利局机构改革"三定"方案完成后，根据国办函〔1992〕49 号文件精神，乡镇水利管理服务站隶属关系维持不变。

1999 年 9 月 15 日，区委组织部组织相关部门就乡镇水利水保管理服务站人事关系交由各乡镇管理召开协调会，同意将乡镇水利管理服务站人事关系由区水利局交由乡镇管理，既形成了用人管理上的统一，又与其他部门的基层科室站归属乡镇管理一致。1999年 11 月，完成了乡镇水利管理服务站人事关系交接工作，各乡镇水利管理服务站业务上仍受区水利局的监督指导。

2002 年，按照区委、区政府机构改革实施意见，各镇政府撤销水利管理服务站，水利管理职能划入到镇政府农业科或农业服务中心，设有专人负责，并接受区水行政主管部门监督指导。建立基层水务中心站后，各乡镇在水务方面的主要职责是：拟定本乡镇水利工程和农业水利基本建设的规划、计划；组织、协调、指导水利工程的施工；负责本乡镇防汛、抗旱工作的行政管理。

农民用水协会　2006 年年底，根据市政府办公厅转发市水务局等部门关于建立农村水务建设与管理新机制的意见和市水务局、市农村工作委员会等部门联合印发的北京市农民用水协会及农村管水员队伍建设实施方案，以政府引导、农民参与的方式，在全区组建了 5 个农民用水协会，即张坊农民用水协会（设在张坊水务中心站）、河北农民用水协会（设在河北水务中心站）、琉璃河农民用水协会（设在琉璃河水务中心站）、城关农民用水协会（设在城关水务中心站）、长阳农民用水协会（设在长阳水务中心站），同时在 462 个行政村组建了村分会。

农民用水协会负责管理村分会，会长由区水务局水务中心站正职担任，水务中心站管辖的属地镇政府管水干部任副会长。主要职责：编制农村水务工程管理维护年度计划及水务发展规划，组织计收水费和农业用水水资源费，开展水务技术培训及推广等工作。村分会由村书记担任会长，主要负责编制村级水务发展规划，并经村民代表大会表决通过，采用"一事一议"方式组织落实农村水务发展规划和年度计划，落实用水计划，计收水费和农业用水水资源费，对村级水务公共设施进行维护管理，做好村级涉水事务突发事件应急处置和上报等工作。

农村管水员队伍 2006 年年底，成立农民用水协会同时，还组建了农村管水员队伍。管水员接受农民用水协会管理。根据房山区机井数量、河道长度、水利设施状况及人口、面积等因素，由市水务局核定房山区农村管水员名额为 1100 名。根据各村水务管理任务，每村设有管水员。管水员通过公开招录并经培训合格后持证上岗，同时与村分会签订责任书，享受市财政给予的每人每月 500 元补贴资金。

农村管水员职责：负责本村机井管理、用水计量、月统月报，计收水费和农业生产用水水资源费；农村节水和水资源保护；农村公用水利设施日常维修管理；农村水务突发事件的应急处置和上报；其他临时交办的工作。村分会负责管水员日常管理考核，用水协会负责月考核，并编制补贴资金报表报各镇财政所，由镇财政所下发管水员补贴资金。

区水务局会同有关部门每两年对管水员履职情况进行考核，合格者签订续聘合同，不合格解聘，增补管水员按原录用程序进行。

2010年房山区农民用水协会及管水员统计表

表9-4

名称	管辖乡镇	村分会（个）	管水员人数（人）
张坊农民用水协会	蒲洼乡	8	18
	十渡镇	21	46
	张坊镇	15	45
	大石窝镇	24	65
	长沟镇	18	44

续表 9-4

名称	管辖乡镇	村分会（个）	管水员人数（人）
河北农民用水协会	史家营乡	12	26
	大安山乡	8	18
	霞云岭乡	15	41
河北农民用水协会	南窖乡	8	18
	佛子庄乡	18	43
	河北镇	19	40
城关农民用水协会	周口店镇	24	53
	城关街道办事处	22	48
	青龙湖镇	32	68
	石楼镇	12	36
长阳农民用水协会	长阳镇	36	88
	拱辰街道办事处	20	40
	西潞街道办事处	7	14
	良乡镇	16	30
	阎村镇	22	48
琉璃河农民用水协会	韩村河镇	27	81
	琉璃河镇	47	110
	窦店镇	30	80
合计		461	1100

第二章　水行政执法监察

1988 年 7 月 1 日始，房山区贯彻执行《中华人民共和国水法》，开始水行政执法。依据《北京市水利工程保护管理条例》《中华人民共和国河道管理条例》《中华人民共和国水法》《中华人民共和国水土保持法》《中华人民共和国防洪法》等法律法规，实行主管与监督管理相结合，专管与群管相结合，水行政执法与公、检、法执法相结合。

1990 年，随着《中华人民共和国水法》等相关法规的颁布实施，全区水利工作开始走向法制化管理，房山区水利局增设水政科，在乡镇和基层水管单位组建执法队伍。

1991—2010 年，随着水利法规不断健全，水政执法工作不断加强完善，使水资源、水环境、节水用水、排水等项工作得到依法管理，水利设施实现安全运行。

第一节　地方性法规及规定

1988 年 8 月 4 日，《房山区人民政府转发区水利局关于划定区管主要河道、渠道、水库及其管理范围和保护范围请示的通知》（房政发〔1988〕65 号），划定了房山区区管主要河道、水库、灌渠的管理、保护范围，为水工程的正常运行提供了保证。该文件于 2002 年 12 月 3 日起废止。

2002 年 12 月 3 日，为加强房山区水资源和水利工程的管理与保护，依据《中华人民共和国水法》《中华人民共和国防洪法》《中华人民共和国河道管理条例》《北京市水利工程保护管理条例》，房山区政府印发《关于划定区管主要河道水库灌渠集中供水水源地管理保护范围的通知》（房政发〔2002〕43 号），对房山区主要河道、水库、灌渠重新划定了管理、保护范围，同时依法对橡胶坝、重点山泉和集中供水厂水源地划定保护范围。截至 2010 年年底，该文件仍适用。

2005 年 11 月 18 日，房山区人民政府印发《关于划定城关良乡两城排水设施管理保护范围的批复》（房政函〔2005〕137 号），明确了城关、良乡两城排水设施管理保护范围，为排水设施统一管理提供了保证。截至 2010 年年底，该文件仍适用。

第二节　执法队伍

1989 年 2 月，房山区水利局成立水政监察科，有水政监察员 59 人、助理水政监察员 25 人。主要职责：宣传贯彻水法律、法规和水利政策；水行政执法；协调水事纠纷，查处违法、违规涉水案件；审核本机关规范性文件；承办本机关行政复议、行政赔偿案件和行政诉讼的应诉代理。是年，房山区成立了水利（水行政）执法领导小组，领导小组办公室设在区水利局水政监察科，25 个乡镇相应成立了水利（水行政）执法领导小组，共有管理人员 125 人，各村成立了村级水利管理机构，有管理人员 1539 人。区水利（水行政）执法领导小组授权崇青水库管理所、永定河办事处有水利（水行政）执法权限。

1997 年，区水利局持有水利部"水政监察证"有 59 人，其中专职水政监察员 5 人。2003 年 3 月 27 日，区水资源局成立水政监察大队，其中有 50 人持有"水政监察证"（无编制），与区水资源局水政监察科联合执法。2006 年，区水务局有 118 人持有水利部"水政监察证"，其中专职水政监察员 5 人。2010 年 8 月 26 日，经房山区机构编制委员会办公室批准正式成立北京市房山区水政监察大队，全额拨款事业编制 20 名，其中相当科级领导职数 1 正 2 副。主要职责是：依法对房山区所辖的水资源、水环境、水工程、水土保持工程及设施进行保护管理，依法查处违章违法案件，行使水行政主管部门相应的行政处罚权。

第三节　行政许可

2000 年以前，区水利局主要依据有关水事的法规对水利工程建设项目进行审批，具体工作由相关业务科室负责。2000 年 10 月，区水利局成立了调查清理小组，对水行政主管部门承担的行政审批事项进行清理，清理结果为正在施行的审批项目共 11 项，严格按照行政审批制度改革的有关规定进行了清理，保留了 9 项，取消了 2 项，新增备案 1 项。

取消的 2 项行政审批事项，将审批权限下放到乡镇人民政府，将"占用农业灌溉、灌排工程设施及替代工程建设方案"事项改由乡镇人民政府审批，上报区水利局备案；将"凿井队资质审核"事项下放到乡镇人民政府审核。保留的 10 项行政审批事项为：审批 6 项：辖区内建设项目水土保持方案；蓄滞洪区内建设非防洪建设项目的水文评价；改建、扩建、新建、废除水利工程；在水利工程保护管理范围内进行非水利工程建设项目；河道砂石开采许可；取水许可。核准 2 项：向区管河道排污的事项；建设项目取用地下水。审核 1 项为防洪规划。备案 1 项为占用农业灌溉、灌排工程设施及替代工程建设方案。

2001 年，区水资源局成立。2002 年，按照市、区政府进一步清理行政审批事项的要求，对区水资源局行政审批事项进行精简、合并，最终保留行政审批事项 9 项：辖区内建设项目水土保持方案审批；蓄滞洪区内建设非防洪建设项目的水文评价审批；改建、扩建、新建、废除水利工程审批；在水利工程保护管理范围内进行非水利工程建设项目审批；河道砂石开采许可；取水许可；向区管河道排污的事项审批；占用农业灌溉、灌排工程设施及替代工程建设方案审批；建设项目节水三同时（核准）。

2004 年，区水务局成立。按照区政府关于清理行政许可事项的统一要求，根据《中华人民共和国行政许可法》及有关水利法律、法规，区水务局对行政许可事项进行了全面清理，2004 年 12 月，最终确定区水务局行政许可事项为 31 项，具体名称见下表：

2004 年房山区水务局行政许可事项一览表

表 9-5

序号	行政许可事项名称
1	江河、湖泊新建、改建、扩大排污口许可
2	城市排水许可证核发
3	防洪工程设施设计方案核准
4	防洪工程设施竣工验收
5	审查批准在洪泛区、蓄滞洪区内建设非防洪工程项目的洪水影响评价报告
6	在洪泛区、蓄滞洪区内建设非防洪工程项目的竣工验收
7	填堵原有河道沟汊、 贮水湖塘 、洼淀和废除原有防洪围堤批准
8	在堤防上新建建筑物及设施的验收
9	堤顶或者戗台兼做公路审批
10	蓄滞洪区避洪设施建设审批
11	阻断、扩大或缩小原有排灌沟渠批准
12	开垦荒坡地批准
13	在山区、丘陵区、风沙区修建铁路、公路、水工程、开办矿山企业、电力企业和其他大中型工业企业等建设项目环境影响报告书中的水土保持方案批准
14	水土保持设施竣工验收
15	占用农业灌溉水源、灌排工程设施审批
16	临时用水指标审批
17	开凿机井批准
18	建设项目配套节水设施竣工验收
19	取水许可证核发
20	建设项目水资源论证报告书审批

续表 9-5

序号	行政许可事项名称
21	在水库及河湖划定娱乐性游钓区许可
22	在河道滩地种植树木批准
23	新建、改建、扩建、废除水利工程批准
24	在水利工程管理范围和保护范围内进行建设审核
25	河道采砂许可
26	建设跨河、穿河、穿堤、临河的桥梁、码头、道路、渡口、管道、缆线、取水、排水等工程设施审批
27	跨越河道、湖泊空间或者穿越河床的建设工程开工审批
28	采伐堤防岸林木审批
29	河道管理范围内进行取土、淘金等特定活动的许可
30	水利基建项目初步设计文件审批
31	水利工程开工审批

　　房山区水行政许可严格执行《房山区行政许可监督管理办法》，建立"一个窗口对外"，集中、统一、联合办理等高效、便捷的行政许可管理方式，严格按照《中华人民共和国行政许可法》规定的办事程序、期限要求，办理行政许可事项，提高房山区水务局办事效率和服务水平，加强与政府各职能部门的信息互通和共享，通过网上办公的手段，促进行政管理工作的公开、便民、高效。

　　2005 年以后，随着水务一体化管理的实施，水行政许可事项明显增多。2005—2010年，行政许可全程代理工作共办理行政许可事项 565 项，复函 143 件，按时办结率及群众满意率均达到了 100%。

　　截至 2010 年年底，区水务局的行政许可事项仍为 31 项。

第四节　水事案件调处

　　房山水行政执法工作本着以事实为根据，以法律为准绳，切实做到有法必依、执法必严、违法必究，实行"主管与兼管相结合"的原则，2006 年 10 月建立水务与公安联络机制，并制定了一系列打击盗采砂石及其他水事违法行为的行动方案和措施。

截至2010年年底，共依法查处各类违法案件几千起，处理违法违章当事人2551人，其中有18人被司法机关判刑，共罚款365187元，依法清除河道树障10.75万株，拆除违章建筑面积386605平方米，对房山水利事业起到了保驾护航作用。

大石河主河道内种植树木阻碍行洪案 2003年3月10日，琉璃河镇立教村民电话举报，反映村委会在主河道内植树，倾倒垃圾，污染环境，堵塞河道。区水资源局接到举报后，立即组织水政和防汛抗旱指挥部办公室人员到现场调查处理。经查，电话举报基本属实。种植的树有集体的，也有个人承包的，所种植树木均对大石河行洪构成影响；垃圾倾倒在京石高速公路桥下的桥墩处，违反了《北京市水利工程保护管理条例》的相关规定。

2004年4月1日，区防汛抗旱指挥部办公室向琉璃河镇立教村委会下达了《河道清障通知书》要求该村委会，依据《中华人民共和国防洪法》第二十四条、第四十二条之规定，于2004年4月15日前外迁所有设施，自行清除障碍，确保行洪安全。通知下达后，立教村委会没有任何纠正违章行动。

2004年4月19日，又有群众以书面形式举报村委会的违章行为。4月22日，区水资源局再一次向该村委会下达了《责令停止违法行为通知书》，责令立教村委会立即清除树障；并同时按属地管理的原则，责令琉璃河镇政府依据《中华人民共和国防洪法》"谁设障谁清理"的原则，于2004年5月31日前监督该村河段内清障工作。镇政府给予了高度重视，并组织有关村统一行动，于2004年6月5日前清除完毕，保障了该河的行洪安全。

大石河河道内违章建筑及非法采砂案 2004年4月8日，水政监察科接到群众举报，反映有人在大石河田各庄段非法建设及开采砂石。接到举报后，区水资源局水政监察科立即组织执法人员赶往现场调查。经查证，违法行为人孙某于2002年12月在大石河管理范围内非法建设房屋19间，围墙100米，违章总面积316.74平方米，而且在河道内非法开采砂石，囤积砂石料3万余吨。

孙某在河道管理范围内违章建设及非法开采砂石，违反了《中华人民共和国水法》第三十七条第二款关于禁止在河道管理范围内建设妨碍行洪的建筑物、构筑物以及从事影响河势稳定，危害河岸堤防安全和其他妨碍河道行洪活动的规定。房山区水资源局执法人员于2004年4月8日对孙某下达了《责令停止违法行为通知书》，令其在4月18日前拆除违章建筑，清除所囤积砂石料，并负责恢复河道原貌。

当事人孙某未在规定期限内拆除违章建筑，清除囤积的砂石料。依据《中华人民共和国水法》第六十五条第一款关于"在河道管理范围内建设妨碍行洪的建筑物、构筑物或者从事影响河势稳定，危害河岸堤防安全和其他妨碍河道行洪的活动的，由县级以上人民政府水行政主管部门或者流域管理机构依据职权责令停止违法行为，限期拆除违法建筑物、构筑物、恢复原状；逾期不拆除，不恢复原状的，强行拆除，所需费用由违法单位或个人负担，并处一万元以上十万元以下的罚款"的规定，2004 年 4 月 19 日，房山区水资源局对孙某做出"无条件自行拆除违章建筑 316.74 平方米的建筑物，清除囤积的 3 万余吨砂石料，并处一万元罚款"的行政处罚决定。

孙某在接到通知书后，未按时拆除，也未清除囤积砂石料，还未在规定时间内向房山区人民政府提请行政复议，也没向房山人民法院提起诉讼。2004 年 8 月 23 日，房山区水资源局依法向房山区人民法院申请对孙某强制执行，对违章建筑及砂石料进行了清理，恢复河道的行洪畅通。

拒马河河道非法采砂案　2004 年 5 月 26 日，水政监察科在巡查时发现，拒马河行洪河道内有非法开采砂石行为。经查证，违法人白某在未经批准的情况下，非法开采砂石，并非法在河道内无序堆积砂石料 15 万吨，严重影响了河道的正常行洪，其行为已违反了《中华人民共和国防洪法》的相关规定。《中华人民共和国防洪法》第二十二条第二款规定："禁止在河道、湖泊管理范围内建设妨碍行洪的建筑物、构筑物、倾倒垃圾、渣土，从事影响河势稳定，危害河岸堤防安全和其他妨碍河道行洪的活动"，依据《中华人民共和国防洪法》第五十六条第二款关于"在河道、湖泊管理范围内倾倒垃圾、渣土，从事影响河势稳定、危害河岸堤防安全和其他妨碍河道行洪的活动的，责令停止违法行为，排除阻碍或者采取补救措施，可以处五万元以下罚款"的规定，决定给予白某限期自行拆除生产设备，排除行洪阻碍，恢复河道原貌的行政处罚。

2004 年 8 月 6 日，水政监察人员对其决定执行情况进行检查，砂石生产设备已全部拆除，影响行洪的砂石料也已清运完毕，此案告结。

某学校非法凿井案　2005 年 12 月 15 日，接到房山区卫生局电话通报，房山区社区服务与管理职业学校发生学生集体中毒事件。经卫生部门对该校的食品和水质检测，认定该校的"自备井"水质污染物超标，造成学员集体中毒。

水政监察人员对该校进行了检查，了解到此井是未经水行政主管部门审批，非法开挖的"自备井"，未加消毒设施和水质检测，擅自投入学生生活用水之用，直接供水造成了集体中毒事件。12 月 19 日，区水务局对该校下达了"责令停止违法行为通知书"，立即停止"自备井"的使用。2006 年 1 月 11 日，区水务局提出行政处罚决定。

根据《北京市实施〈中华人民共和国水法〉办法》第十七条"开凿机井当经水行政主管部门批准，凿井工程竣工后，机井使用单位应当将凿井工程的有关技术资料报水行政主管部门备案"的规定。决定对房山区社区服务与管理职业学校给予自行拆除"自备井"供水设备、罚款 2 万元人民币的行政处罚。

房山区社区服务与管理职业学校在规定期限内自行拆除了"自备井"供水设备，并缴纳了 2 万元罚款，2006 年 2 月 9 日此案告结。

第三章　水工程管理

1996 年之前，水利工程一般按照工程等级由政府或主管部门组建工程建设指挥部负责工程的建设，工程建成后指挥部撤销，工程移交管理部门管理。市级投资的重点水利项目由市水利局审批，水利工程规划设计由区水利局或委托市水利规划设计研究院完成，区、乡镇、村分级组织施工。

1996—2010 年，随着行业管理不断规范，在项目审批、施工组织、质量监督、设施维护等方面，都有了较大变化，成立或完善了相应的水务工程建设和管理部门，实行了规范化管理。

第一节　建设管理

规划审批　20 世纪 90 年代，全区年度重点水利建设项目由区政府确定，报市水利局审批备案，批准实施的项目由市、区安排专项资金，并在建设期内组织实施，项目内容多以防汛抗旱工程、农田水利灌溉和水利富民工程为主。

2000 年起，市区投资的重点水利工程，委托有资质的部门编制项目建议书，编制完成项目建议书（代可行性研究报告）后，由区水行政主管部门申请立项，属区级投资工程由区发改委审批，市级投资工程由市发改委审批。按照批复内容，设计单位编制初步设计图和工程概算，并报规划部门和水行政主管部门审批，市区发改委落实项目建设资金。通过成立工程项目办公室（为项目法人）负责组织实施，具备开工条件后，由项目法人向主管部门申请开工，市级重点投资工程由市水行政主管部门批准，区级重点投资工程由区水行政主管部门批准。截至 2010 年未有新变化。

施工组织　1990—2001 年，全区重点水利项目，由区政府成立工程指挥部，组织乡镇统一施工，根据各乡镇劳动人口、耕地面积及经济情况分配施工任务。指挥由政府主要领导担任，成员由政府部门及相关单位领导组成，指挥部下设办公室，负责施工进度、施工质量、施工安全以及现场拆迁等相关工作。乡镇完成施工任务后由指挥部组织验收，验收合格后乡镇的工程建设任务才算完成。市级投资的重点工程由市水利部门组织验收，项目工程通过整体验收后，撤销指挥部。1996 年 8 月 4 日发生暴雨洪水后，11 月成立大石河治理工程指挥部，组织全区各乡镇集中施工完成大石河（芦村段至兴礼段）河道疏挖治理。

2006 年 9 月起，全区重点水利投资项目，按照项目法人责任制、招标投标制、合同管理制、监理制（以下简称"四制"）管理。成立房山区水务工程建设项目办公室作为项目法人，负责全区水务项目建设的招投标、工程建设、质量管理、进度管理、资金管理、竣工决算和验收以及协调等相关工作。按照项目建设批准文件，组织公开招标，确定工程项目的设计、监理、施工单位，并与中标单位签订合同，按合同履行各自职责。管理机制是设计、施工、监理对项目法人负责，项目法人对政府负责。

截至 2010 年，按照"四制"管理要求，先后完成了房山区刺猬河综合治理（二期）工程（京广铁路桥—六环路桥）等多项重点水务工程建设。

质量监督　1991—2001 年，区投资的水利工程重点项目，由工程指挥部管理施工质量，区水行政主管部门监督指导。市级重点投资项目，服从市水利基本建设工程质量监督中心站监督管理，施工任务完成后，组织参建单位联合验收。2002 年起，工程质量监督管理不断规范，由项目法人、设计、监理、施工单位，按照合同约定承担各自职责。2005 年 12 月批复成立区水利工程质量监督站（以下简称"区水利质监站"），核定编制 4 名，配备了质监员，建立了以项目法人负责、监理单位控制、施工单位保证、政府监督相结合的质量管理体制。区水利质监站的主要职责包括：负责辖区内中央和市级财政投资以外兴建的水利工程的质量监督工作；协助配合由市质监中心站组织监督的水利工程的质量监督工作；参加受监督水利工程的阶段工程、单位工程和工程竣工验收，核定受监督工程的工程质量等级；监督受监督水利工程质量事故的处理；掌握辖区内水利工程质量动态和质量监督工作情况。

区水利质监站成立后，对全区水利工程开展了质量监督工作，包括水利工程开工注册登记，编制质量监督方案，检查建设单位质量管理体系、监理控制体系、施工质量保证体系、设计现场服务体系；监督检查项目单位工程、分部工程、单元工程的划分与执行，工程技术规程规范和质量标准执行情况，监督检查建设单位的质量管理行为、监理单位的旁站监理工作、设计单位的现场服务工作以及施工质量行为，对承担工程检测业务的检测单位的人员资格、人员配备及内控制度进行检查，对有关产品制作安装单位的质量行为进行监督检查，对工程原材料、中间产品及工程实体质量进行监督检查，检验工程质量评定情况，编写质量监督检查结果通知书、质量监督报告，编写质量监督月报、简报；参与受监工程质量事故的调查、分析、处理。对分部工程、单位工程施工质量评定结论核备（定）。区水利质监站列席参加项目法人组织的分部工程、单位工程、合同工程完工验收，参加政府部门组织的工程项目阶段验收、专项验收、竣工验收，并出具工程建设质量监督报告。工程竣工验收后质量监督文件立卷归档。

截至2010年，全区水务工程特别是政府投资项目均按施工质量管理规范执行，完成了房山区生态清洁小流域工程、房山区刺猬河综合治理（二期）工程（京广铁路桥—六环路桥）等重点项目。同时区水行政主管部门与区安全生产监督部门，不定期到施工现场开展联合检查，使施工安全隐患得到及时排除。

第二节　运行管理

河道运行管理　永定河右堤房山段服从北京市永定河管理处统一管理，河道日常管理维护由房山区永定河办事处负责，包括河道防汛、堤防岁修绿化、河道环境维护、雨水情测报、丁顺坝设施的运行管理，编制河道年度岁修计划，并报区水行政主管部门以及市永定河管理处审批，落实资金后组织施工。至2010年，永定河右堤房山段由稻田段、葫芦垡段、公议庄段、赵营段、窑上段5个管理段管理。

区直接管理的河道包括大石河、小清河、拒马河、刺猬河、哑叭河、佃起河、吴店河、周口店河、马刨泉河、丁家洼河、东沙河、西沙河、夹括河、牤牛河、南泉水河、北泉水河等。各河道上的闸坝工程管理形式有两种。一种是由河道管理单位直接管理，设立闸坝管理站和相应管理人员；另一种由河道管理单位以协议形式委托镇村管理，主要是河道上的铅丝石笼坝、拦河闸等。各管理单位按照闸坝操作规程运行维护，按时向防汛部门上报水情变化，服从防汛部门指挥调度。河道设施需要维修改造时，由镇政府或区水行政主管部门编制整修计划报区政府审批，落实资金后组织施工。其他镇级骨干排水工程由属地镇政府负责管理维护。至2010年全区河道管理体系未有新变化。

水库管理　房山区境内修建中小型水库11座，分别是大宁水库、永定河滞洪水库、牛口峪水库、崇青水库、天开水库、丁家洼水库、鸽子台水库、大窖水库、水峪水库、西太平水库、龙门口水库。其中，大宁水库、永定河滞洪水库、崇青水库、天开水库、牛口峪水库为中型水库；丁家洼水库、鸽子台水库为小（1）型水库、大窖水库、龙门口水库、西太平水库、水峪水库为小（2）型水库。

水库管理主要有三种管理方式。一是市级管理的水库，由管理单位负责水库日常维护和管理。大宁水库于1959年建成，为中型水库，是永定河卢沟桥分洪枢纽工程（卢沟桥拦河闸、小清河分洪闸和大宁水库）的一部分，归属永定河管理处下属的永定河卢沟桥分洪枢纽管理所负责管理。永定河滞洪水库于2003年建成，为中型水库，由稻田、马厂两个水库组成，归属永定河管理处下属的永定河滞洪水库管理所负责管理；牛口峪水库于1972年年底建成，中型水库，1974年移交北京燕山石油化工有限公司管理。截至2010年，牛口峪水库一直由北京燕山石油化工有限公司管理。

二是区级管理的水库，成立水库管理单位的水库，由水库管理单位负责水库日常维护和管理。崇青水库建于1958年，为中型水库。自水库建成至2010年，由崇青水库管理所负责运行维护，包括水库防汛、蓄水灌溉、工程维护岁修、大坝沉降位移观测、水位观测等日常管理；天开水库建于1958年，为中型水库。自水库建成至2010年，由天开水库管理所负责运行维护，包括水库防汛、工程维护岁修、水位观测等日常管理。

三是没有水库管理单位的水库，由区水务局和水库所在地政府联合负责日常维护和管理或所在地政府负责日常维护和管理。丁家洼水库于1958年建成，为小（1）型水库。水库建成后至2003年，由城关街道办事处的城关水管站负责管理，2003年水管站撤销，城关水务中心站成立后，由城关街道办事处和城关水务中心站联合负责管理，包括水库防汛、闸坝运行维护等日常工作，业务管理服从区水行政主管部门监督指导。按照国务院、北京市人民政府关于完善防范措施，防止水污染事故的相关指示，为了进一步提高燕山地区污染防范等级，扩大防范范围，保证人民群众生命财产安全，同时充分发挥丁家洼水库的综合功能，经过中国石化集团北京燕山石油化工有限公司与房山区人民政府函商（房政函〔2006〕31号），房山区人民政府同意将丁家洼水库作为北京燕山石油化工有限公司的"突发事故应急污水调储库"，并委托房山区水务局代表房山区人民政府与中国石化集团北京燕山石油化工有限公司就丁家洼水库管理工作签署协议。自2006年起，丁家洼水库由城关街道办事处、城关水务中心站和北京燕山石油化工有限公司联合负责管理。龙门口水库于1977年建成，是一座小（2）型水库。水库建成后至2003年，由韩村河镇政府的韩村河水管站负责管理，2003年水管站撤销，琉璃河水务中心站成立后，至2010年，由韩村河镇政府和琉璃河水务中心站联合负责管理，包括水库防汛、闸坝运行维护等日常工作，业务管理服从区水行政主管部门监督指导。鸽子台水库于1972年建成，小（1）型水库。水库建成后至2010年，一直由霞云岭乡政府负责管理，包括水库防汛、闸坝运行维护等日常工作，业务管理服从区水行政主管部门监督指导。大窑水库于1972年建成，为小（2）型水库。水库建成后至2010年，一直由史家营乡政府负责管理，包括水库防汛、闸坝运行维护等日常工作，业务管理服从区水行政主管部门监督指导。西太平水库于1982年建成，为小（2）型水库，水库建成后至2010年，一直由十渡镇政府负责管理，包括水库防汛、闸坝运行维护等日常工作，业务管理服从区水行政主管部门监督指导。水峪水库于1972年建成，为小（2）型水库，水库建成后至2010年，一直由南窑乡政府负责管理，包括水库防汛、闸坝运行维护等日常工作，业务管理服从区水行政主管部门监督指导。

其他小型水利设施 包括机井、喷滴灌设备、坑塘等小型水利设施，根据产权归属由镇村或单位运行管理，并接受水行政主管部门监管。根据2003年对管理形式调查，以集体管理使用为主的管理形式，截至2010年未有新变化。

第三节　水务档案管理

房山区水务局档案室成立于1980年，总面积13平方米。有木制档案柜4组、档案检索柜1个、办公桌2张。随着水利事业的发展，办公条件日益改善。1996年，档案管理晋升为北京市档案管理二级标准。2004年，晋升为北京市档案管理一级标准。2000年，设立机关综合档案室实现全局档案统一管理。档案室配备了档案工作人员2名，室存档案由文书、水利业务、会计、基建、设备、照片、实物7个门类组成。对全局所有文书资料统一收集、整理、立卷、归档。共整理归档案卷690卷（分别于1991年、1995年、2003年）移交到区档案馆管理。

截至2010年年底，设有30平方米独立库房、18平方米的档案室、18平方米的资料室。实现了档案室、资料室、库房档案管理"三分开"。档案设施设备齐备，档案装具符合国家要求。建立了档案工作管理网络，各项档案管理规章制度齐全。

截至2010年年底，局档案室室存文书档案5360卷；永久、长期档案2830卷；业务档案1618卷；会计档案2269卷；基建档案56卷；照片档案720卷；实物档案360件。综合档案室专人管理，负责借阅等日常工作，定期向区档案馆移交文书档案。在机关科室和基层单位设有兼职档案员，负责整理资料并按时向区水务局档案室移交档案资料。

第四节　水利工程用地确权划界

1986 年 4 月，《北京市水利工程保护管理条例》颁布实施，确定了郊区主要河道的起止地点及两侧的保护范围。1986 年 5 月，市政府《关于划定郊区主要河道保护范围的规定》（京政办发〔1986〕51 号）发布执行。1988 年，房山区人民政府发文转发区水利局的《房山区区管主要河道、渠道、水库及其管理范围和保护范围的请示》（房政发〔1988〕65 号）。

1992 年 2 月，国家土地管理局、水利部联合发布《关于水利工程用地确权有关问题的通知》，明确水利工程用地及其管理范围内土地的划界、登记发证有关问题。1994 年，区水利局着手水利工程土地划界确权的准备工作，对区管主要河道、水库、引灌渠系统进行摸底调查。

1996 年开始，正式开展水利工程土地划界确权工作。本着"突出重点、先易到难、依据历史、尊重现实"的原则，以区管水库和已治理的河道为重点，先办理历史资料全、界址明确、争议较少的工程用地。边界的确定主要依据建设时国家征地手续，同时，也考虑几十年来因各种原因造成的既成事实，充分协商、合理避让、减少纠纷，开展水利工程土地确权工作。

1996 年 10 月，北京市人民政府办公厅发文《关于建立北京市水利工程土地划界确权工作联席会议制度的通知》（京政办发〔1996〕48 号），明确联席会议的主要职责。1997 年 4 月，北京市房山区人民政府办公室发文《关于建立房山区水利工程土地划界确权联席会制度的通知》（房政办发〔1997〕31 号），明确联席会议的主要职责："依据国家及北京市有关法律、法规、规章，研究制定全区水利工程土地划界确权工作的有关政策；协调区政府有关部门和有关乡镇对国家及北京市管理的水库、河流、引水工程、灌溉和建筑设施等水利工程管理范围内的确定土地权属事项。"联席会议召集人李硕夫（副区长），办公室设在区水利局，人员从区水利局、房屋土地管理局抽调，区水利局负责收集相关水利工程占地历史资料，现场勘察核实，勘界指界，界桩制作和埋设；区房屋土地管理局负责地籍勘丈、绘图及核发土地使用证。房山区水利工程土地划界确权联席会研究划界工作中出现的问题。同年 11 月划界确权联席会第二次会议召开，就有关问题做了进一步的研究，促进了确权工作的进一步开展。

1998 年 3 月，按照市房屋土地管理局、市水利局《关于印发〈北京市水利工程土地划界确权实施办法〉的通知》要求，对房山区境内重点河道、渠道、水库等水利工程土地开展划界确权工作，明确水利工程用地申请登记范围、申领登记、宗地划分、申请土地登记的内容、权属调查、水利工程用地的确权原则、地籍测绘勘丈、对历史遗留土地问题的处理、界址标志等方面也做出了具体规定。

房山区水利工程划界确权工作遵循的原则：由区管的河道、渠道、水库工程，按照1988年8月区政府转发区水利局《关于划定区管主要河道、渠道、水库及其管理范围和保护范围的请示》的通知，并在工程管理范围内划界确权、埋设界桩。

2005年，随着供水、排水管理职能划转到区水务局，良乡污水处理厂国有土地使用证也从区市政管理委员会划转到区水务局。

截至2007年年底，根据国家政策，已不能通过划界手段即划定水利工程管理范围，办理国有土地使用证，房山区水利工程土地划界确权工作投入资金30余万元，取得了区水利局材料库、大宁灌区管理处、北京碧鑫水务有限公司、崇青水库、天开水库、丁家洼水库、龙门口水库永定河右堤房山段、刺猬河、夹括河、周口店河、小清河及机关办公楼、水利局老局址、饶乐府家属院的国有土地使用证；六渡橡胶坝管理所、九渡橡胶坝管理、材料库、大宁灌区管理处、北京碧鑫水务有限公司的房屋所有权证。共计取得国有土地使用证17个，国有土地使用面积18055366平方米；房屋所有权证6个，合计6883.94平方米。

2010年房山区水利工程用地划界确权情况一览表

表9-6

序号	工程名称	国有土地使用证号/房屋所有权证号	发证日期（年.月.日）	确权面积（平方米）	确权边界四至/坐落位置	土地用途
一	国有土地使用证					
1	房山区水利局（老局址）	京房国用〔1996〕字第310号	1996.12.4	844.00	房山区城关兴房大街86号。北至京周公路；东至土路；南至农机局、房屋土地管理局；西至农机局	商业用地
2	饶乐府家属院	京房国用〔1996〕字第311号	1996.12.4	1354.80	房山区城关街道办事处饶乐府村东南。北至土路、菜地；东至土路；南至房山区气象局；西至饶乐府村菜地	住宅用地

续表 9-6

序号	工程名称	国有土地使用证号/房屋所有权证号	发证日期（年.月.日）	确权面积（平方米）	确权边界四至/坐落位置	土地用途
3	材料库	京房国用〔1996〕字第313号	1996.12.4	8616.00	房山区大石河京周路南	仓储用地
4	材料库	京房国用〔1996〕字第314号	1996.12.4	6300.00	房山区坨里镇水峪村	仓储用地
5	大宁灌区管理处	京房国用〔1996〕字第315号	1996.12.4	1166.70	房山区良乡办事处四街村刺猬河左岸	水利设施
6	天开水库	京房国用〔1997〕字第00415号	1997.6.18	1523372.99	北至孤山口村、天开村；东至天开村；南至孤山口村、天开村；西至孤山口村	水域用地
7	龙门口水库	京房国用〔1997〕字第00426号	1997.9.5	3032.56	东至岳各庄乡建筑二公司；南至龙门口村；西至龙门口村；北至龙门口村	水域用地
8	龙门口水库	京房国用〔1997〕字第00427号	1997.9.5	264375.57	东至龙门口村；南至龙门口村；西至皇后台村；北至皇后台村	水域用地
9	刺猬河	京房国用〔1997〕字第00523号	1997.12.29	942719.50	北至崇青水库溢洪道；东至崇各庄乡、良乡地区、官道乡沿河各村；南至小清河入口处；西至崇各庄乡、良乡地区、官道乡沿河各村	水域用地
10	丁家洼水库	京房国用〔1998〕字第00531号	1998.3.17	200908.50	东至丁家洼村；南至丁家洼村；西至丁家洼村；北至丁家洼村	水域用地
11	夹括河	京房国用〔1998〕字第00533号	1998.4.6	468475.50	东至大次洛村、尤家坟村、小次洛村、西营村、五侯村、东南章村；西至瓦井村、尤家坟村、五侯村、东南章村、西南章村；北至七贤村、韩村河村、西东村；南至七贤村、韩村河村、西东村	水域用地

续表 9-6

序号	工程名称	国有土地使用证号/房屋所有权证号	发证日期（年.月.日）	确权面积（平方米）	确权边界四至/坐落位置	土地用途
12	周口店河	京房国用〔1998〕字第00557号	1998.4.27	576171.06	北至燕化集团、大韩继村、支楼村、双孝村、石楼镇政府、黄山店村、坨头村、石楼村；东至大石河；南至石楼村、支楼村、大韩继村、辛庄村、燕化集团；西至房易路	水域用地
13	小清河	京房国用〔1998〕字第00627号	1998.10.5	6279000.00	小清河与长阳镇、葫芦垡乡、官道乡、窑上乡、南召乡、交道镇交界	水域用地
14	永定河右堤房山段	京房国用〔1998〕字第00632号	1998.11.21	3325000.00	北至北京市永定河管理处；东至永定河河道；南至涿州市水利局永定河办事处；西至长阳镇、葫芦垡乡、窑上乡	水域用地
15	崇青水库	京房国用〔1999〕字第161号	1999.11.1	4313525.90	涉及崇青水库周边青龙湖镇相关村庄，以及丰台区王佐乡怪村	水域用地
16	良乡污水处理厂	京房国用〔2005〕字第267号	2005.11.9	123246.70	房山区良乡镇南刘庄村	市政公用设施用地
17	北京碧鑫水务有限公司	京房国用〔2006〕字第041号	2006.5.23	17256.40	房山区阎村镇大石河京周路南	工业用地
二	房屋所有权证					
1	六渡橡胶坝	房全字第02332号	1996.11.7	766.60	房山区十渡镇六渡村东南	全民
2	九渡橡胶坝	房全字第02333号	1996.11.7	166.00	房山区十渡镇九渡村东	全民
3	材料库	房全字第02337号	1996.12.4	842.10	房山区坨里镇水峪村	全民
4	大宁灌区管理处	房全字第02338号	1996.12.4	327.90	房山区良乡地区办事处四街村	全民
5	材料库	房全字第02339号	1996.12.4	1950.80	房山区大石河京周路南	全民
6	北京碧鑫水务有限公司	京房权证房股字第0600032号	2006.3.21	2830.54	房山区房山大石河京周路南	股份制房产

第四章　水库移民后期扶持

依据国务院《关于完善大中型水库移民后期扶持政策的意见》（国发〔2006〕17号）和北京市水库移民后期扶持政策领导小组印发的《北京市大中型水库移民后期扶持政策方案的通知》（京水库移〔2007〕1号）等文件要求，从2006年开始，对房山区及迁入房山区的大中型水库农业户口移民，包括2006年6月30日前搬迁的水库移民现状人口，2006年7月1日以后搬迁的水库移民原迁人口，在生产生活方面开展后期扶持，包括移民人口核定、扶持资金发放、移民村基础设施建设等相关工作。扶持期限为20年，即从2006年7月1日起，至2026年6月30日止。

第一节　后期扶持人口核定

依据京水库移〔2007〕1号文件，房山区编制了《北京市房山区大中型水库移民后期扶持政策实施方案》（房政办发〔2007〕38号），指导房山区水库农业户口移民扶持工作。

依据京水库移〔2007〕4号和京水库移〔2008〕2号文件，编制了《房山区大中型水库农转非移民培训补贴人口核定登记细则》（房政办发〔2009〕13号）指导房山区水库农转非移民培训补贴工作。

根据《北京市关于扶持大中型水库库区和移民安置区的意见》（京水库移〔2007〕3号）中关于"对库区和移民安置区扶持的范围"的规定，涉及水库周边青龙湖镇、韩村河镇、长阳镇、城关街道办事处4个乡镇、街道办事处。共涉及17个村庄，其中青龙湖镇的崇各庄村、南四位村、焦各庄村、青龙头村、小苑上村、水峪村，韩村河镇的天开村、孤山口村为整体搬迁村；长阳镇的大宁村、温庄子村，城关街道办事处的顾册村、洪寺村，青龙湖镇的石梯村、北四位村，韩村河镇的圣水峪村、上中院村、下中院村是为修建水库调出土地或接收整体搬迁村移民的移民接收村。

2007年5月11日，房山区成立水库移民扶持工作领导小组，组长由主管农业的副区长担任，成员单位由区发展改革委、区农委、区综治办、区信访办、区法制办、区财政局、区水务局、房山公安分局、区编办、区民政局、区劳动保障局、区统计局、房山国土分局、区林业局、区审计局、区监察局、区档案局、区经管站、区广电中心，以及移民所在镇的镇领导组成，办公室设在区水务局，由区农委主任兼主任、区水务局局长兼常务副主任。

2007年7月2日，成立房山区水库移民后期扶持政策领导小组办公室（为临时在编机构），年限为20年。主要职责是：贯彻、执行北京市水库移民后期扶持政策的配套文件，组织编制落实扶持政策的相关规划，负责水库移民后期扶持政策的宣传解释，会同财政、审计部门对水库移民后期扶持基金使用情况进行检查、审计，组织水库移民的相关统计工作，协调解决实施工作中遇到的有关问题，承担领导小组办公室的日常工作。

水库移民后期扶持方式有3种：一是向移民个人发放扶持资金，用于移民生产生活的补助；二是加强移民安置区基础设施和生态环境建设，改善移民生产生活条件；三是在移民就业方面提供生产技能培训和就业引导。

2007年，房山区初次核定登记农业户口水库移民10885人。2008年11月5日，开始进行房山区农转非水库移民登记工作，截至11月底完成农转非水库移民登记工作，登记农转非水库移民2523人。

截至2010年年底，房山区农业户口水库移民11917人，非农业户口水库移民3138人，分布在全区的22个乡镇（街道）、287个行政村和社区。

第二节　后期扶持资金发放

对农业户口水库移民，扶持资金发放按照国务院和北京市对大中型水库移民后期扶持工作有关规定，即对2006年6月30日前，因修建大中型水库占地确定搬迁的具有农业户口的移民及其后代（包括外省市农业户口非移民合法出嫁或入赘到本市农业户口移民而户口未迁入的；外省市农业户口移民合法出嫁或入赘到本市农业户口移民而户口未迁入且原籍不予登记的。但移民及其后代出嫁或入赘到非移民户的不在扶持范围内），每人每年补助600元，扶持期限为20年，即从2006年7月1日起，至2026年6月30日止。扶持资金采取直补方式发放给移民。

在区、镇、村分级负责下，通过开展动员、培训、发放《政策宣传手册》等，做到统一政策，统一程序，包括向社会公告移民人口核定登记办法、入户登记、张榜公示、人口核定登记造册、逐级上报审批等程序。扶持资金由国家拨付，区财政监管，区移民办依据核定的各乡镇水库移民人员，将扶持资金拨付各乡镇政府，由乡镇政府具体组织发放。2008—2010年共审核登记水库农业户口移民44430人次，发放扶持资金2665.8万元。

对农转非的水库移民扶持，根据北京市水库移民后期扶持政策领导小组印发的北京市关于扶持大中型水库农转非移民的意见（京水库移〔2007〕4号）和关于扶持大中型水库农转非移民意见的补充说明的通知（京水库移〔2008〕2号）要求，从2008年开始实施大中型水库农转非移民发放培训补贴政策。享受培训补贴人口范围是，在修建大中型水库占地搬迁的移民中，为本市非农业户口的无固定职业人员，身份核定以2006年6月30日现状身份为准，一次核定，不再调整，以后人口自然变化，由区县政府自行解决。补贴标准为每人每年560元，资金拨付到区县统一使用。补贴自2008年开始，期限暂定5年。2008—2010年共审核登记水库农转非移民8534人次，发放培训补贴资金475.74万元。

第三节　后期扶持项目建设

依据北京市水库移民后期扶持政策领导小组印发的《北京市关于扶持大中型水库库区和移民安置区的意见》（京水库移〔2007〕3号）和《北京市大中型水库库区和移民安置区扶持专项资金使用管理暂行办法》（京水库移办〔2008〕44号），编制了《房山区大中型水库移民接收村扶持专项资金使用管理意见》（房政办发〔2008〕96号），指导房山区移民接收村扶持项目建设工作。为促进移民安置村经济社会发展，改善移民安置村生产生活条件，从2008年开始，对移民接收村进行项目扶持，全区共涉及4个镇17个村，扶持期限暂定5年。

扶持资金筹措由北京市水库移民后期扶持政策领导小组办公室根据房山区移民安置村和安置人口数量，每年为房山区安排专项扶持资金1230万元；使用北京市大中型水库移民后期扶持结余资金，2008年为房山区拨款130万元，2009年为房山区拨款797.29万元；资金不足部分由区镇村自筹解决。扶持项目范围主要包括农村饮水安全、水利设施、沼气、交通、供电、生态环境等基础设施建设项目；文化、教育、卫生等社会事业设施建设项目；移民劳动力就业技能培训和职业教育，对移民能够直接受益的生产开发项目。

按照北京市统一要求，每年8月前完成下一年度的项目申报和专项资金申请工作。在项目申报过程中，由村委会征求村民意见，并经村民代表大会按照"一事一议"的方式确定项目并上报镇政府；镇政府完成审核后汇总到房山区水库移民办公室；区水库移民办公室对全区扶持项目进行汇总并经水库移民扶持工作领导小组审核批准后，上报到北京市水库移民后期扶持政策领导小组办公室。镇政府负责具体项目实施，区水库移民办公室负责项目监管和竣工验收。

2008—2010年，由市、区、镇、村共投资3980.95万元，其中使用市级专项资金3820万元。完成项目有：道路硬化124500平方米；安装315千伏安变压器1台并配套设备；铺设安全饮水管线2800米；打灌溉用机井2眼；新建蓄水池8座；园区供水改造500米；铺设村内排水管线6170米；整修排水沟550米；整修护坡4400米；村庄绿化美化6000平方米；垃圾池15个；整修残墙400米；安装太阳能路灯30盏；新建村级放映室1座，村民文化活动中心1座，硬化群众健身广场场地650平方米；建住宅小区伸缩大门1个；防火亭3座；步道800米；新建村办纸箱厂1座，购纸箱厂设备2套，新发展花卉种植基地40亩；种植纸皮核桃1900亩，种植苹果50亩，种植香椿100亩，磨盘柿截干换优320株；改造葡萄园36亩；新建禽舍养殖大棚23栋，新建种植大棚80栋，改造翻新旧有大棚29栋；新建养殖围网6615米。

附 录

1991—2010 年房山区水务工作获奖情况

1991—2010 年水务工作获北京市政府奖励一览表

表 1

序号	获奖单位	荣誉称号	颁奖单位	颁奖年份
1	房山区水利局	水利富民综合开发先进区县	北京市人民政府	1998、1999、2000、2001、2002、2003
2	房山区水务局	2005 年度农村水务建设单项奖	北京市人民政府	2006
3	房山区水务局	2007 年度农村水务建设雨洪利用先进奖	北京市人民政府	2008
4	房山区水务局	南水北调征地拆迁先进单位	北京市人民政府	2008、2009

1991—2010 年水务工作获市级、部级有关部门奖励一览表

表 2

序号	获奖单位	荣誉称号	颁奖单位	颁奖年份
1	房山区水利局	抗洪救灾先进集体	北京市防汛抗旱指挥部	1991
2	房山区水利局	水政工作先进单位	北京市水利局	1992、1995
3	房山区水利局	先进单位（山区组第三名）	北京市农田水利基本建设指挥部	1993、1997
5	房山区水利局	节水工作先进集体	北京市节约用水办公室	1995
7	房山区水利局	山区水利富民综合开发先进单位	北京市农村工作委员会	1998
8	房山区水利局	支持卫星城建设先进单位	北京市水利局	1998
9	房山区水利局	水利系统文明单位	北京市水利局	1999、2001
10	房山区水利局	首都文明单位	首都精神文明建设委员会	1999—2006
11	房山区水务局	先进集体	全国农业普查领导小组	2007
12	房山区水务局	水务系统文明单位	北京市水务局	2008

续表2

序号	获奖单位	荣誉称号	颁奖单位	颁奖年份
13	房山区水务局	全国农田水利基本建设先进单位	财政部、水利部	2008
14	房山区水务局	国庆60周年活动先进集体	北京市水务局	2009
15	房山区水务局	水务系统文明单位	北京市水务局	2009
16	房山区水务局	农田水利先进奖	北京市水务局	2010
17	房山区水务局	防汛抗旱先进集体	北京市防汛抗旱指挥部与北京市人力资源和社会保障局	2010
18	房山区水务局	南水北调征迁工作先进集体	国务院南水北调办	2010

1991—2010年水务工作获房山区级奖励一览表

表3

序号	获奖单位	荣誉称号	颁奖单位	颁奖年份
1	房山区水利局	区委信息工作优秀单位	房山区委	1996、1997 1998、2000 2001、2002
2	房山区水利局	政府系统调研工作先进单位	房山区政府	1996、1999
3	房山区水利局	水利富民综合开发先进单位、先进工作者、先进农户	房山区政府	1998、1999
4	房山区水利局	养殖富民先进单位	房山区政府	1998
5	房山区水利局	为农服务先进单位	房山区政府	1999、2000、2003
6	房山区水利局	学会工作先进集体	房山区政府	1999、2000
7	房山区水利局	行政执法先进单位	房山区政府	1999、2000
8	房山区水资源局	年鉴工作先进单位	房山区委	2001
9	房山区水资源局	办理人大代表建议、政协委员提案先进单位	房山区政府	2002
10	房山区水资源局	防治非典型肺炎先进集体	房山区委区政府	2003
11	房山区水务局	文明单位标兵	房山区委区政府	2007
12	房山区水务局	落实党风廉政建设责任制先进单位	房山区委区政府	2007
13	房山区水务局	统计工作先进集体	房山区统计局统计调查队	2007
14	房山区水务局	综合整治创卫工作先进集体	房山区委区政府	2007

续表3

序号	获奖单位	荣誉称号	颁奖单位	颁奖年份
15	房山区水务局	消防安全先进集体	房山区安全委员会	2007
16	房山区水务局	档案管理先进集体	房山区档案局、人事局	2007
17	房山区水务局	百村帮扶工程先进单位	房山区委区政府	2008
18	房山区水务局	五四红旗团支部	房山区团委	2008
19	房山区水务局	信访工作先进单位	房山区信访、排查、调处领导小组	2008
20	房山区水务局	安全生产先进单位	房山区安全生产委员会	2008
21	房山区水务局	工作先进单位	房山区委区政府	2008
22	房山区水务局	为农服务先进单位	房山区委区政府	2008
23	房山区水务局	文明单位	房山区委区政府	2008
24	房山区水务局	环境建设先进集体	房山区委区政府	2009
25	房山区水务局	安全生产先进单位	房山区安全生产委员会	2009
26	房山区水务局	国庆安保先进集体	房山安保分指挥部	2009
27	房山区水务局	档案管理先进集体	房山区档案局	2009
28	房山区水务局	文明单位	房山区委区政府	2009
29	房山区水务局	地铁房山线先进集体	房山区委区政府	2010
30	房山区水务局	防汛抗旱先进集体	房山区防汛抗旱指挥部、房山区人力资源和社会保障局	2010
31	房山区水务局	文明单位	房山区委区政府	2010
32	房山区水务局	组织奖	房山区体育局	2010

1991—2010年水务工作者获市级、部级奖励一览表

表4

序号	姓名	荣誉称号	颁奖单位	颁奖年份
1	史万秀	全国水政先进工作者	北京市水利局	1991
2	尤建英	农田水利综合经营专业统计三等奖	北京市水利局	1991
3	李彦	技术进步二等奖	北京市水利局	1991
4	王宏亮	技术进步二等奖	北京市水利局	1991

续表4

序号	姓名	荣誉称号	颁奖单位	颁奖年份
5	邢东升	修志积极分子	北京市水利志编纂委员会	1991
6	刘同光	水利技术推广二等奖	北京市水利局	1991
		水利科技进步三等奖	北京市水利局	1991
		科技成果三等奖	农业部、全国农业区划委员会	1991
		北京市星火科技一等奖	北京市水利局	1993
		农业技术推广一等奖	北京市水利局	1993
		水利系统优秀领导干部	北京市人民政府	1995
		农业技术推广二等奖	北京市星火奖评审委员会	1996
		农业技术事业做出突出贡献奖	北京市农业技术推广评审委员会	1999
		北京市农业技术推广二等奖	北京市人民政府	1996、1997 1999、2000
		国务院政府特殊津贴	国务院	2000
7	刘宗亮	科技进步一等奖	北京市水利局	1991
8	曹德政	农田水利综合经营与统计一等奖	北京市水利局	1991
		水利综合经营统计年报二等奖	北京市水利局	1994
		清产核资先进个人	北京市水利局	1994
9	傅恒	农业资源与区划成果更新三等奖	北京市农业区划委员会办公室	1991
		科技进步一、二、三等奖	北京市水利局	1991
		科技成果三等奖	农业部、全国农业区划委员会	1991
		农业技术推广	北京市水利局	1993
10	彭玉	科技成果三等奖	农业部、全国农业区划委员会	1991
		水利技术推广一等奖	北京市水利局	1993
		全国抗旱模范	水利部	1996

续表4

序号	姓名	荣誉称号	颁奖单位	颁奖年份
11	梁 森	科技成果三等奖	农业部、全国农业区划委员会	1991
		全国"七五"农业区划科技进步三等奖	北京市农技中心	1991
		水土保持先进个人	北京市人民政府	1992
12	杜永旺	根治海河三十年劳动模范	水利部	1993
		全国水利系统劳动模范	水利部	1995
		先进工作者	水利部	1995
13	高福金	水利技术推广一等奖	北京市水利局	1993
		水利系统文明职工	北京市水利局	1999
		农业技术推广二等奖	北京农业技术推广评审委员会	1999
		农业技术推广三等奖	北京市水利局	2000
14	闫启勇	二大水库范围内农业节水工程规划设计二等奖	北京市水利局	1991
		农业技术推广一等奖	北京农业技术推广评审委员会	1994
		北京市农业技术推广二等奖	北京市人民政府	1995
		全国节水增产重点县先进个人	水利部	2001
		水利系统文明职工	北京市水务局	2009
15	傅 成	农业技术推广一等奖	北京农业技术推广评审委员会	1994
		市水利系统防汛抗旱先进个人	北京市防汛抗旱指挥部办公室	1994
		农业技术推广二等奖	北京市水利局	1995
		农业技术推广二等奖	北京农业技术推广评审委员会	1999
		农业技术推广三等奖	北京市水利局	2000
16	庞 江	水利技术推广一等奖	北京市水利局	1993
17	孙志荣	水利技术推广一等奖	北京市水利局	1995
18	张茂印	农业技术推广一等奖	北京农业技术推广评审委员会	1994
19	刘振芳	农业技术推广一等奖	北京农业技术推广评审委员会	1994

续表4

序号	姓名	荣誉称号	颁奖单位	颁奖年份
20	李 俊	北京市绿化美化积极分子	北京市水利局	1992
		先进工作者	水利部	1994
		市水利系统防汛抗旱先进个人	北京市防汛抗旱指挥部	1994、1996
		农业技术推广一等奖	北京农业技术推广评审委员会	1995
		科学技术进步二等奖	北京市水利局	1998
		农业技术推广二等奖	北京市水利局	2000
		全国水土保持先进个人	水利部	2001
21	王化润	防汛通讯先进个人	北京市防汛抗旱指挥部	1991、1993、1994、1996
22	张敬宇	防汛通讯先进个人	北京市防汛抗旱指挥部	1994
		水利系统文明职工	北京市水利局	1999
23	李培勇	水利技术推广一等奖	北京市水利局	1995
24	蔡桂臣	水利技术推广一等奖	北京市水利局	1995
25	蔡天启	水利技术推广一等奖	北京市水利局	1996
		全国水政水资源先进个人	水利部	1997
26	郭志顺	水利技术推广一等奖	北京市水利局	1995
27	王丽娟	水利系统文明职工	北京市水利局	1997、1998
28	崔华银	《北京水利报》优秀通讯员	北京市水利局	1996
		水利系统文明职工	北京市水利局	1997
		水务系统文明职工	北京市水务局	1998、1999
29	黄 斌	水利系统文明职工	北京市水利局	1997
30	韩顺利	水利系统文明职工	北京市水利局	1999
31	王占良	水利系统文明职工	北京市水利局	1999
32	李爱军	北京优秀青年工程师	北京市科学技术委员会	1996
		水利系统文明职工	北京市水利局	1998
33	郭宝东	水利系统文明职工	北京市水利局	1999
		防汛抗旱先进个人	北京市水利局	2010

续表4

序号	姓名	荣誉称号	颁奖单位	颁奖年份
34	王全国	农业技术推广二等奖	北京市农业技术推广评审委员会	1999
		农业技术推广二等奖	北京市水利局	2000
		防汛抗旱先进个人	北京市水利局	2010
35	刘宝玉	农业技术推广二等奖	北京市农业技术推广评审委员会	1999
		农业技术推广二等奖	北京市水利局	2000
		奥运保障先进个人	北京市防汛抗旱指挥部	2008
36	穆希华	农业技术推广三等奖	北京市人民政府	1999
		农业技术推广二等奖	北京市农业技术推广评审委员会	1999
		农业技术推广二等奖	北京市水利局	2002
		北京市水利系统文明职工	北京市水利局	2003
		水利富民综合开发先进个人	北京市委农工委	2003
		先进个人	北京市水务局	2007
37	杨志军	科技进步一等奖、三等奖	北京市水利局	1991
		北京市优秀青年工程师	北京市科学技术委员会	1997
		优秀信息员	北京市水利局	1999
		修志工作先进个人	北京市水利局	2000
		水利系统文明职工	北京市水利局	2001
38	杨建忠	首都绿化美化积极分子	北京市人民政府	2000
		水利系统优秀领导干部	北京市水利局	2001
		首都绿化美化积极分子	水利部	2001
39	殷宗国	水务系统文明职工	北京市水务局	1997、2008
40	张立	水政工作先进个人	北京市水利局	2002
41	王亚林	防汛通讯先进个人	北京市防汛抗旱指挥部办公室	1992
		水政工作先进个人	北京市水利局	2002

序号	姓名	荣誉称号	颁奖单位	颁奖年份
42	李枫	农业技术推广三等奖	北京市农业技术推广评审委员会	2002
		水利系统文明职工	北京市水利局	2003
43	于占成	水利富民综合先进个人	北京市农村工作委员会	2003
44	王喜	节约用水先进个人	北京市水利局、市人事局、市政委	2002
45	王镇	水务系统文明职工	北京市水务局	2008
46	钱新举	水务系统文明职工	北京市水务局	2008
47	岳政新	奥运保障先进个人	北京市防汛抗旱指挥部	2008
		防汛抗旱先进个人	北京市防汛抗旱指挥部	2010
48	李潭	奥运保障先进个人	北京市防汛抗旱指挥部	2008
49	王勇	节水先进个人	北京市水务局	2009
		文明职工	北京市水务局	2009
50	刘万海	文明职工	北京市水务局	2009
51	杨晓光	先进个人	北京市水务局	2010
52	王秋春	先进个人	北京市水务局	2010
53	霍忠	先进个人	北京市发改委、财政、环保、人力保障局	2010

前志补正

序号	原文位置	原文内容	更正后
1	13 页第 7 行	...糠邦沙底之河	...糠帮沙底之河
2	15 页第 15 行	均为砂卵石复盖	均为砂卵石覆盖
3	25 页第 10 行	且断挡很多	且断档很多
4	49 页倒数第 10 行	当地称之为"哈蟆口"	当地称之为"蛤蟆口"
5	53 页第 10 行	...的钢管衬砌成园形	...的钢管衬砌成圆形
6	56 页第 15 行	围埝大宁围埝为第一副坝	大宁围埝为第一副坝
7	60 页第 3 行	...的贾玉口去筛、拉	...的贾峪口去筛、拉
8	73 页倒数第 14 行	...对河堤进行加邦长顶	...对河堤进行加帮长顶
9	93 页第 8 行	民工门的忘我劳动...	民工们的忘我劳动...
10	112 页第 11 行	挟括河上修建了天开水库	夹括河上修建了天开水库
11	112 页倒数第 13 行	1978 年对挟括河进行截弯取直	1978 年对夹括河进行截弯取直
12	117 页第 12 行	...修建干砌石谷防坝	...修建干砌石谷坊坝
13	119 页第 4 行	当年就打谷防坝 85 道	当年就打谷坊坝 85 道
14	120 页第 8 行	打谷防坝 128 道	打谷坊坝 128 道
15	155 页第 12 行	付理事长若干人	副理事长若干人
18	215 页倒数第 3 行	...对永定河河堤进行加邦长顶	...对永定河河堤进行加帮长顶
19	219 页倒数第 14 行	周口店区在挟括河支流...	周口店区在夹括河支流...
20	228 页倒数第 10 行	...东营、薄洼九个公社	...东营、蒲洼九个公社
21	236 页倒数第 11 行	城磁、石楼...等 18 个乡	城关、石楼...等 18 个乡

表格索引

图片索引

后 记

　　《房山区水务志》编修工作，按照北京市水务局关于组织开展水务志编纂工作的通知和《北京市实施〈地方志工作条例〉办法》有关规定，于2007年5月房山区水务局开展了编修筹备工作。2007年6月成立《房山区水务志》编纂委员会和编纂办公室，确定了编写人员。根据本次编写任务拟定了工作方案和编写纲目。随后编写人员利用近一年时间，对房山区1991—2010年水务建设管理工作的相关资料进行多种形式收集，包括查阅档案、找知情人员座谈、到相关单位走访调查，参考了1999年出版的《房山区志》、2000年出版的《北京志·水利志》及《北京百科全书·房山卷》《房山农业志》《房山区水利志》《房山自然资源与环境》和《房山市政》所记载的相关内容，共整理素材100多件达30万字，并组织区水务局机关科室、基层单位参与了资料收集和资料初步整理。

　　2007年7月至2013年1月完成初稿编写，达15万字。随后将初稿报送给北京市水务志编纂办公室、房山区水务志编纂委员会成员、在区水利战线工作多年的老同志，及初稿内容所涉及的相关单位，征求修改意见。2013年3月至2014年9月，根据相关单位和个人反馈的修改意见，对初稿完成第一次修改。随后将志稿报送市水务志编纂办公室、房山区史志办及志稿编纂委员会成员和相关单位征求修改意见。2014年12月至2015年12月底，完成第二次修改，再次征求相关单位意见，至2016年5月，完成志稿第三次修改。2017年10月至2018年6月按照市水务志编纂办公室和区史志办有关专家对初稿的审读意见完成志稿第四次修改，2018年6月形成房山区水务志初稿。2018年11月，市水务志编纂办公室召开房山区水务志初稿第一次审查会，听取各方面的专家和领导的意见。2019年上半年，按照审查会专家提出的意见和建议，对房山区水务志初稿进行了修改和完善，2019年6月上报房山区水务志初稿修改稿。2019年10月，市水务志编纂办公室组织专家审查房山区水务志初稿第二次审查会，按照专家提出的意见和建议进行修改后，形成初稿送审稿。2020年7月，房山区水务局组织房山区水务志初稿专家评审会。2020年7—10月，按照初审专家意见修改完成并征求了房山区水务志编纂委员会的意见，作为复审稿报北京市水务志编纂办公室审查。2020年12月，房山区水务局组织房山区水务志复审稿专家评审会。2021年1月，按照复审专家意见修改完成，作为终审稿报北京市水务志编纂办公室审查。2021年2月，终审稿通过专家审查。

众手成志。在北京市水务志编纂办公室的专业指导和认真审核下，经过全体编写人员的共同努力，终于完成志稿。志书编纂完成，得益于北京市及房山区水行政主管部门领导的高度重视和正确指导；得益于区史志办、区档案局、区统计局、区水务局各科室等单位的大力支持；得益于北京市水务志编纂办公室的专家及区水务系统退休老领导老同志认真细致地审核志稿；得益于编写人员不畏艰辛、坚持不懈的工作态度。在志书付梓之际，我们向一切为志书编纂提供支持帮助的单位和个人表示衷心的谢意。

《房山区水务志》涉及的有些资料，因记录不清或缺失，虽经多方核补，仍有疏漏之处，加之编写人员经验不足、水平有限，疏漏之处在所难免，错讹之处有所不察，敬请广大读者批评指正。

房山区水务志编纂委员会办公室

2021年5月

《北京水务志丛书》包括以下志书：

朝阳区水务志	官厅水库志
海淀区水务志	密云水库志
丰台区水务志	十三陵水库志
·石景山区水务志	通惠河流域志
通州区水务志	怀柔水库和京密引水渠志
大兴区水务志	北京永定河志
·顺义区水务志	北京潮白河志
怀柔区水务志	北京北运河志
密云县水务志	凉水河流域志
平谷区水务志	清河和东水西调志
昌平区水务志	北京水文志
延庆县水务志	北京水利工程质量监督志
门头沟区水务志	北京市水利规划设计研究院志
·房山区水务志	北京市水利科学技术研究院志

·为已刊印